Kerstin Stephanie Bumiller
Master en Derecho Tributario y Asesoría Fiscal
Master in Finanzrecht und Steuerberatung

1. Auflage
Stand April 2017

www.kerstinbumiller.com

Erste Auflage

Umschlaggestaltung, Illustrationen: Rico Kohlstedt

Bibliografische Information der Deutschen Nationalbibliothek: Die Deutsche Nationalbibliothek verzeichnet diese Publikation in der Deutschen Nationalbibliografie; detaillierte bibliografische Daten sind im Internet über dnb.dnb.de abrufbar.

Herstellung und Verlag: AH Tales and Stories S.L.

ISBN 978-84-946673-4-3

Inhalt

Vorbemerkung

Um die Dienste des spanischen Finanzamtes zu nutzen, um Deklarationen auszufüllen und zu präsentieren, muss Ihr PC den Anforderungen des Finanzamtes entsprechen. Dafür bietet das Finanzamt eine EXE-Datei an, mit welcher Sie Ihren Browser konfigurieren müssen. Geschieht dies nicht, kann es immer wieder zu Fehlermeldungen kommen.

Sie finden den Link wie folgt:

https://www.sede.fnmt.gob.es/descargas/descarga-software

Dort bitte den ersten Punkt auswählen: descarga Configurador FNMT-RCM.

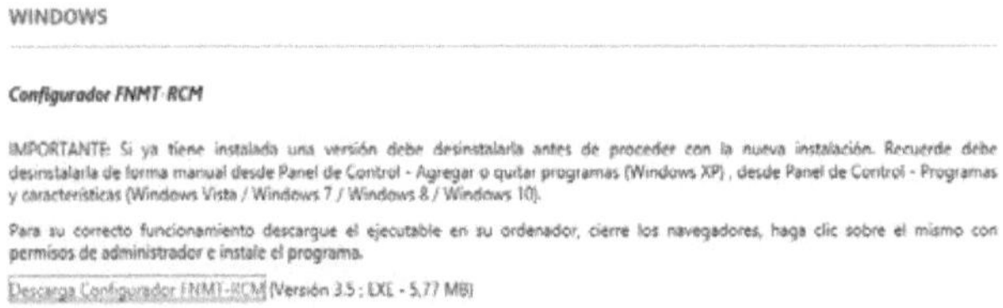

Die EXE-Datei dann ausführen.

Diese Einstellungen sind für Windows. Sollten Sie etwas fortgeschrittener sein, können Sie auch folgende Website beim spanischen Finanzamt aufrufen und den Instruktionen folgen:

http://www.agenciatributaria.es/AEAT.internet/Ayuda/config_Sede.shtml

Tipp: Websites werden oft geändert. Sollte der Link nicht funktionieren, geben Sie z.B. unter

Google ein: Configurador automático FNMT. Dort werden Sie dann direkt zum Link geführt. Dies können Sie mit allen anderen vorgestellten Anwendungen auch tun, falls sich die Website geändert hat. Vorzugsweise suchen Sie bei www.google.es.

Es werden viele PDF-Dokumente aufgerufen und beschrieben. Man kann all diese Dokumente durch die auf der jeweiligen Seite oben angezeigte Zoom-Funktion vergrößert am Bildschirm darstellen. Dies stellt eine echte Hilfe für Personen mit Sehproblemen dar.

Vorzugsweise arbeitet das FA (Finanzamt) mit dem Internet Explorer. Natürlich funktionieren auch alle anderen Browser, aber dies ist oft mit bestimmten Einstellungen verbunden. In diesem Buch wird vom Internet Explorer ausgegangen.

Ebenso sollten Sie sicherstellen, dass Sie ein PDF-fähiges Programm auf Ihrem PC installiert haben, zum Beispiel den Adobe Reader.

Diesen kann man kostenlos im Internet unter: http://get.adobe.com/de/reader/ herunterladen.
Adobe ist das bevorzugte Programm im Buch.

Die Abbildungen in meinem Buch sind größtmöglich dargestellt. Leider sind sie dennoch oft zu klein, um ein Detail genau lesen zu können. Verstehen Sie diese Abbildungen als Stütze, ich führe Sie in dem Buch durch das Internet und zeige ihnen die Bilder an, die dann erscheinen sollen, damit Sie eine kleine optische Hilfe haben.

Voraussetzungen für den Gewerbeschein

Um in Spanien ein Gewerbe anzumelden benötigen sie zunächst:

- N.I.E.- Nummer
- Personalausweis oder Reisepass
- Gültige privat- und Geschäftsanschrift
- Spanisches Bankkonto

Ausgerüstet mit diesen Dingen, können Sie bereits loslegen. Falls sie noch keine N.I.E.-Nummer besitzen, erläutere ich im nächsten Abschnitt die Vorgehensweise. Falls sie bereits eine N.I.E.-Nummer besitzen, können Sie diesen Abschnitt überspringen.

Die N.I.E.-Nummer beantragen

Der Schlüssel zu allem.

Beginnen wir einmal ganz von vorne. Um in Spanien in irgendeiner Art und Weise in Erscheinung zu treten, benötigt man eine N.I.E-Nummer.

Man will als Ausländer in Spanien dauerhaft leben, arbeiten, ein Auto zulassen, eine Immobilie kaufen oder ein Geschäft eröffnen. Egal wofür man sich entscheidet: Um rechtlich in Spanien tätig werden zu können, benötigt man die *N.I.E.* (***Número de Identidad de Extranjeros*** = Ausländeridentifikationsnummer). Auf vielen Formularen findet man die Abkürzung *N.I.F.* (***Número Identificación Fiscal*** = Steueridentifikationsnummer), welche die Spanier haben. Man hat also mit der N.I.E. das Pendant für die Ausländer geschaffen.

Die *N.I.E.* ist eine persönliche Identifikationsnummer. Sie wird einer Person ein Leben lang zugeteilt. Beim Kauf wird in der Notarurkunde die *N.I.E.* erfasst. Heiratet die Käuferin nach dem Kauf und ändert dabei den Nachnamen, kann sie später trotzdem ohne

Probleme mit Hilfe der *N.I.E.* ihre Identität nachweisen. Man sollte also bei Beantragung der N.I.E. unbedingt darauf achten, den Geburtsnamen mit anzugeben, damit dieser in das *N.I.E.*-Formular aufgenommen und dadurch eine spätere Identifikation leichtgemacht werden kann.

In Ermangelung einer *N.I.E.* wurde früher oft die Ausweisnummer genommen. Da wir Deutschen spätestens nach 10 Jahren einen neuen Ausweis mit einer neuen Nummer bekommen, konnte dieses zu Problemen führen. Hatte die Käuferin den Namen wegen Heirat gewechselt, bekam sie einen neuen Ausweis mit einer anderen Nummer, gleiches bei Scheidung und anschließender Wiederheirat. Oft gelang es, das Problem mit Hilfe des Geburtsnamens zu lösen, aber eben nur, wenn dieser in den früheren Dokumenten angegeben worden war.

Die spanischen Behörden bemerkten dieses Problem mit der Zeit und verschärften seit 01. April 2006 die Vorschriften mit der *N.I.E.*, die nun bei jeder rechtlich relevanten Handlung vorgelegt werden musste. Kein Notar durfte mehr ohne *N.I.E.* beurkunden, kein Beamter mehr einen Verwaltungsakt ohne Vorlage der *N.I.E.* erlassen.

Sollte eine *N.I.E.* beantragt werden müssen, aber eine Reise nach Spanien nicht möglich sein, kann diese auch beim Spanischen Generalkonsulat beantragt werden. Die Bearbeitung dauert allerdings 3 bis 9 Monate. Dafür sind die spanischen Konsulatsbeamten beim Ausfüllen des spanischen Antragsformulars behilflich. Hierbei fallen Kosten für die Beglaubigung des Personalausweises und die Anfertigung des Passfotos an.

Ist Eile geboten, kann der amtliche Vordruck für die *N.I.E.*-Beantragung beim spanischen Innenministerium unter www.mir.es heruntergeladen, am heimischen PC ausgefüllt, ausgedruckt, anschließend unterschrieben und bei der zuständigen Ausländerbehörde persönlich beantragt werden. Dabei benötigen Sie ein gültiges Ausweisdokument, zwei Passbilder und den Nachweis, dass die amtliche Gebühr bezahlt worden ist.

Beim Ausfüllen des Formulars ist stets darauf zu achten, dass die Angaben ausschließlich in Großbuchstaben gemacht werden. Die Erfahrung hat gezeigt, dass Antragsteller mit falsch ausgefüllten Formularen weggeschickt werden. Oftmals muss man drei Mal zur zuständigen Behörde gehen. Einmal um die *Tasa* (Einzahlungsgebühr) abzuholen, dann um die Nummer zu beantragen und ein letztes Mal um diese abzuholen. Je nach Stadt dauert die Bearbeitung zwischen einer und sechs Wochen.

Sofern man kein Spanisch spricht, besteht die Möglichkeit, professionelle Hilfe bei einem Anwalts- und Steuerbüro, einer *Asesoría oder Gestoría* in Anspruch zu nehmen. Dann muss man nur einmal mit dem Mitarbeiter der Kanzlei auf das Amt gehen, die anderen Wege werden von der Kanzlei erledigt. Die Kosten liegen je nach Aufwand zwischen 80 und 150 €.

Mittlerweile wird auf verschiedenen Behörden die alte *N.I.E.* auf dem gelben Formular nicht mehr anerkannt. Dieses Problem lässt sich durch die Beantragung eines Duplikats lösen, welches auf dem neuen Papier ausgedruckt wird. Das Prozedere ist das gleiche wie bei einem Neuantrag.

Fazit:

Die *N.I.E.* sollte unbedingt beantragt werden. Schiebt man es auf die lange Bank, gerät man am Ende in unnötigen Zeitdruck.

Download des Formulars
Wie bereits im Text beschrieben, kann man das Formular der N.I.E.-Nummer im Internet selbst ausfüllen und ausdrucken. Im folgenden Beispiel wird beschrieben, wie man das Formular zur Beantragung der N.I.E-Nummer ausfüllen kann.

Gehen Sie wie folgt vor:

Bevor Sie beginnen, sollten Sie sicherstellen, dass Sie ein PDF-fähiges Programm auf Ihrem PC installiert haben.
Man kann z.B. den Adobe Reader kostenlos im Internet
ter: http://get.adobe.com/de/reader/
herunterladen (siehe Vorbemerkung!).

Öffnen Sie Ihren Browser (z.B. Internet Explorer, Firefox, Google Chrome oder Safari) und geben Sie folgende Adresse ein:
http://www.interior.gob.es oder
http://www.mir.es

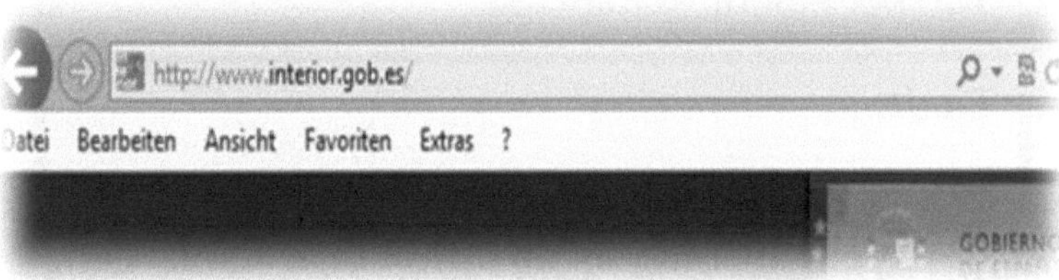

Dann rechts auf Servicios al Ciudadano

Klicken sie links auf *Extranjería*, dort wählen Sie den Punkt (rechts) *Modelos de Solicitud*.

Dann wieder rechts den Punkt *Extranjería*.

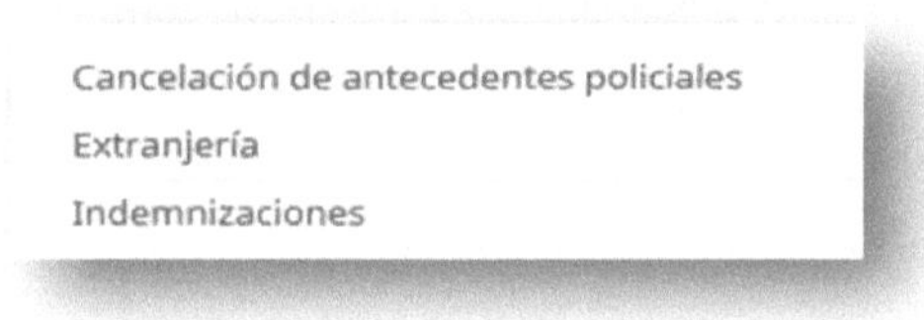

Hier scrollen Sie soweit herunter, bis Sie zum Antragsformular für die *N.I.E.*-Nummer gelangen, welche als Vorlage EX-15 gekenn-

PDF Solicitud de Número de Identidad de Extranjero (NIE) y Certificados (EX-15)

zeichnet ist:

Durch Anklicken dieser Datei öffnet sich ein PDF-Dokument. Dieses ist nun der eigentliche Antrag auf die N.I.E.-Nummer.

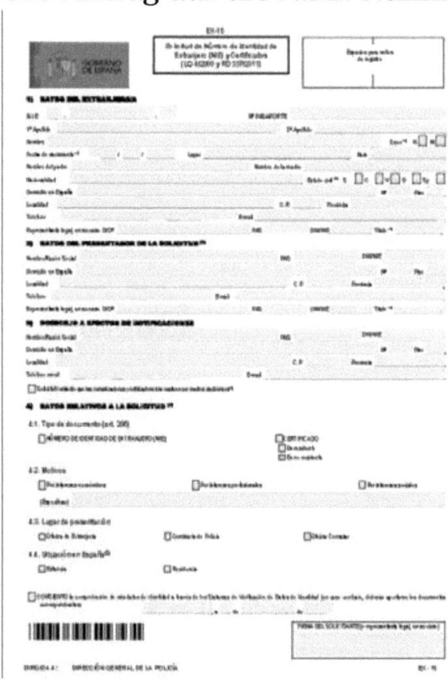

Ausfüllen des Formulars

Nun können Sie dieses Dokument direkt am PC ausfüllen oder ausdrucken und per Hand ausfüllen. Beim Ausfüllen per Hand müssen Sie darauf achten, nur Großbuchstaben zu verwenden. Für diejenigen, die noch nicht sicher im Spanischen sind, folgt eine kleine Anleitung zum Ausfüllen dieses Dokumentes:

Sie beginnen rechts mit der Angabe Ihrer Reisepass- oder Personalausweisnummer.

Im Feld 1° Apellido füllen Sie den ersten Nachnamen ein.

Analog bei 2° Apellido den 2. Nachnamen. Haben Sie nur einen Nachnamen, bleibt dieses Feld frei.

Bei Nombre tragen Sie alle Ihre Vornamen ein.

Unter Sexo versteht man das Geschlecht, Männer kreuzen hier das H (für Hombre), und Frauen das M (für Mujer) an.

Mit Fecha de nacimiento ist das Geburtsdatum gemeint, bitte hier die komplette Jahreszahl angeben. Unter Lugar den Geburtsort eintragen, bei País das Geburtsland.

Mit Nombre de Padre ist der Vorname des Vaters gemeint, analog ist Nombre de madre der Vorname Ihrer Mutter. Bitte füllen Sie diese Felder auch aus, wenn Ihre Eltern bereits verstorben sein sollten.

Nacionalidad ist die Nationalität, für Deutsch tragen sie bitte alemana, für österreichisch austriaca und für schweizerisch suiza ein. Unter dem estado civil versteht man den Familienstand, S steht für ledig (soltero), V für verwitwet (viudo), D für geschieden (divorciado) und Sp für getrennt lebend (seperado).

Mit Domicilio en España ist die Straße gemeint, im Feld N° die Hausnummer, unter Piso ggfs. das entsprechende Stockwerk. Localidad ist der Wohnort in Spanien, C.P (codigo Postal) steht für die Postleitzahl. Es folgt unter Provincia die Provinz. Im Feld Teléfono und E-Mail können Sie die Telefonnummer und die E-Mail-Adresse eintragen. Diese beiden Felder sind aber keine Pflichtfelder, d.h. die Angaben sind freiwillig.

Den folgenden Abschnitt 2 können Sie überspringen. Dieser wird nur benötigt, wenn sie einen Vertreter haben, wenn beispielsweise Ihr Steuerberater die N.I.E.-Nummer für Sie abholen würde.

Im Abschnitt 3.) können Sie eine abweichende Adresse angeben, falls sich die Postadresse von der Wohnadresse unterscheidet, aber es werden nur inländische Adressen angegeben. Gedacht ist das z.B. für Postfächer.

Das folgende Kästchen können Sie ankreuzen, wenn Sie generell nur elektronische Benachrichtigungen möchten. Kreuzt man dies an, sollte man natürlich auch die E-Mail-Adresse angegeben haben.

Unter dem Punkt 4.) kreuzen Sie den ersten Punkt links an:

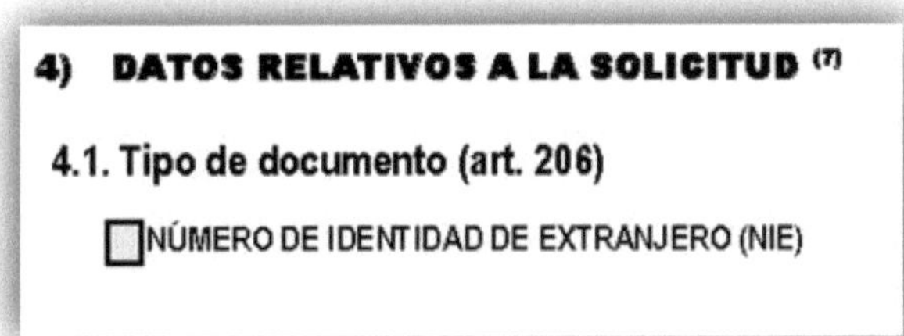
4) DATOS RELATIVOS A LA SOLICITUD (7)

4.1. Tipo de documento (art. 206)

☐ NÚMERO DE IDENTIDAD DE EXTRANJERO (NIE)

Unter 4.2.

Motivos, muss der Grund für die Beantragung der N.I.E.-Nummer angegeben werden. Zum Beleg dieses Grundes müssen in der Regel Nachweise beigefügt werden. Zunächst wird der Grund durch das Ankreuzen eines der nachfolgenden Felder eingeschränkt:

Por intereses economicos, bedeutet wirtschaftliche Interessen, z. B. ein Wohnungskauf. Intereses profesionales steht für berufliche Interessen, z. B. ein Arbeitsvertrag in Spanien. Intereses sociales steht für soziale Interessen, wie z.B. für einen Studienplatz.

Im Feld espeficar muss man das oben angekreuzte weiter spezifizieren. Bei Wohnungskauf schreibt man beispielsweise comprar vivienda.

Bei vielen Ämtern muss man die Dokumente bereithalten. Gibt man Wohnungskauf an, sollte man den entsprechenden Kaufvertrag oder Reservierungsvertrag samt Kopie dabei haben.

Punkt 4.3 sieht das Ankreuzen der Behörde vor, an wel-chem sie die N.I.E.-Nummer

4.3. Lugar de presentación

☐ Oficina de Extranjería ☐ Comisaría de Policía ☐ Oficina Consular

beantragen. In Spanien selbst gibt es die ersten beiden Möglichkeiten, im Ausland ist es stets die verbleibende dritte Möglichkeit, das Spanische Konsulat.

Sollten Sie sich nicht sicher sein, lassen Sie das Feld frei. Der Beamte wird es für Sie ausfüllen Er weiß genau, für welche Behörde er arbeitet.

In Punkt 4.4 Situatión en España wird in unserem Beispiel das Feld Estancia angekreuzt (kurzer Aufenthalt).

Durch Ankreuzen im folgenden Feld

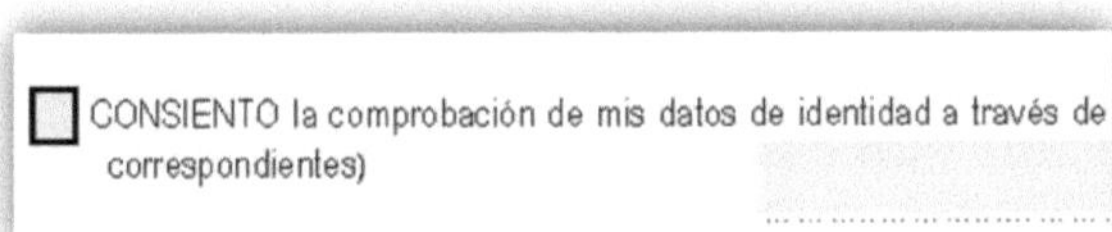
☐ CONSIENTO la comprobación de mis datos de identidad a través de
correspondientes)

erklären Sie sich mit der Datenüberprüfung Ihrer Identität einverstanden. Hier werden auch der Ort und das Datum eingetragen.

Es folgt abschließend Ihre Unterschrift im davor vorgesehenen Kästchen:

FIRMA DEL SOLICITANTE (o representante legal, en su caso)

Nach dem Ausfüllen fertigen Sie eine Kopie dieses

Formulars an, kopieren ebenso Ihr oben angegebenes Identitätspapier, den Reisepass oder Ihren Personalausweis und fügen 2 Passbilder bei. Des Weiteren benötigen sie einen Nachweis über Ihren Wohnsitz. Das kann anhand eines Mietvertrages erfolgen.

Mit diesen Unterlagen und den Kopien begeben Sie sich auf Ihr zuständiges Ausländeramt. Dort bekommen Sie in der Regel erst mal eine sogenannte „Tasa“, mit welcher Sie die entsprechende amtliche Hebegebühr auf einer Bank bezahlen müssen. Mit dem bezahlten Beleg und den o. g. Unterlagen gehen Sie zurück zum Ausländeramt und beantragen dort die N.I.E.-Nummer. Jedes Amt hat andere Gepflogenheiten, manchmal kann man einfach so hingehen, andere wiederum vergeben Termine. Wieder andere machen N.I.E.-Nummern nur zu einer bestimmten Uhrzeit. Um sich Unmut und Ärger zu ersparen, sollte man sich vorher auf dem zuständigen Amt hierüber erkundigen. Bei dieser Gelegenheit können Sie sich die „Tasa" auch schon mitgeben lassen, um diese dann schon bezahlt zum eigentlichen Antrag mitnehmen zu können.

Mit Ihrem abgestempelten Antrag holen Sie Ihre N.I.E.-Nummer in der vorgegebenen Zeit vom Amt ab. Mit dieser N.I.E.-Nummer können Sie aber noch keine Steuern bezahlen. Um dies zu können, muss Ihre N.I.E.-Nummer zunächst dem Finanzamt bekannt gemacht werden. Dies geschieht über eine

Aktivierung via Modelo 030 beim Finanzamt.

Die Nummer selbst ändert sich nie, sie werden immer die gleiche Nummer behalten, doch wenn Sie diese bei Behörden benötigen (z.B. für eine Autoummeldung), dann müssen Sie darauf achten, dass die Nummer noch gültig ist. Denn es gab in 2015 und 2016 eine Zeit, in welcher die Behörden die Dauer dieser Nummer nur noch auf 3 Monate beschränkt haben. Aber diese Vorgehensweise wurde, aufgrund der massiven Reklamationen, wieder abgeschafft.

Die Firma Digital

Um sich selbstständig zu machen, ist es ratsam und sehr empfehlenswert sich ein Zugangszertifikat zu besorgen. Das erleichtert ihnen unter anderem die Korrespondenz und fast alles lässt sich leicht von zuhause vom heimischen PC aus erledigen. Im Folgenden ist das Buch auf den Besitz dieser Firma Digital abgestellt.

Die sogenannte Firma Digital lässt sich am ehesten mit dem Elster Zertifikat vergleichen. Es ist ihre elektronische Unterschrift.

Um das Zertifikat zu bekommen, müssen sie zunächst einen Code beantragen, welcher ihnen per Mail zugesandt wird. Sobald dieser da ist, gehen sie zu einer Behörde (Sozialversicherung oder Finanzamt). Dort wird er aktiviert und sie können sich das Zertifikat auf ihren PC Laden. Wie das Ganze funktioniert lesen sie im folgenden Abschnitt:

Öffnen Sie im Browser folgende Seite:

www.fnmt.es

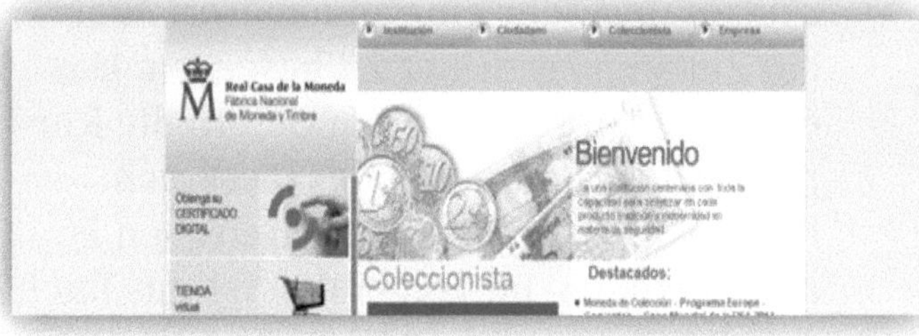

Klicken sie auf *Obtenga su Certificado Digital*:

Konfigurieren Sie zunächst Ihren Browser, um die Beantragung fehlerfrei durchzuführen:

Klicken Sie dazu rechts den Punkt, *Configuración del navegador para obtener o renovar el Certificado:*

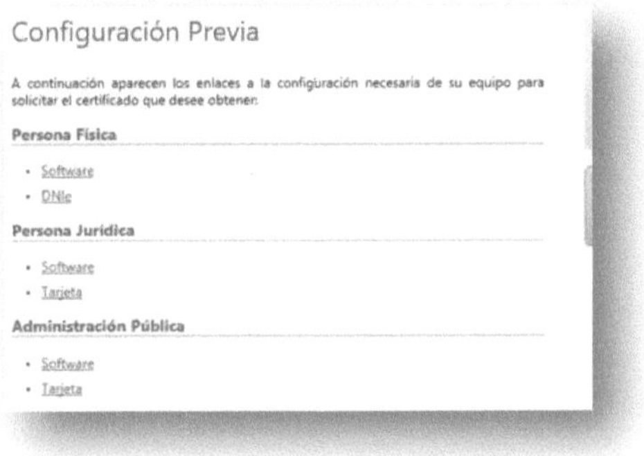

Dann erscheint diese Seite:

Wählen Sie unter *Persona Física* den Punkt *Software* aus. Dann wählen Sie Ihren Browser aus.

Navegadores soportados:

Sistemas Windows:

- Mozilla Firefox 35 o superior
- Microsoft Internet Explorer

Sistemas MAC OS X:

- Mozilla Firefox 35 o superior

Sistemas Linux:

- Mozilla Firefox 35 o superior

Descarga las últimas versiones de estos navegadores.

Configuración del navegador para Sistemas Windows

Configurador FNMT-RCM: Para evitar problemas a la hora de solicitar un certificado es conveniente que instale nuestro configurador automático,siendo necesario tener permisos de administrador del equipo. Descargue el software, cierre todas las ventanas del navegador, ejecútelo y reinicie su equipo.

Si tiene problemas para instalar este software o no tiene permisos de administrador puede seguir las instrucciones de configuración manual equivalente.

Configuración manual para obtener el certificado con Windows

Configuración del navegador para resto de Sistemas/navegadores

Habilitar las cookies en Chrome

Información para usuarios de Firefox en Windows, MAC y Linux.

Es folgt eine EXE-Datei, welche Sie bitte ausführen. Danach ist Ihr Computer konfiguriert, um das Zertifikat zu beantragen. Sie sollten ab jetzt keine Änderungen am PC vornehmen, solange Sie das noch zu beantragende Zertifikat nicht heruntergeladen haben. Die Installation muss immer am selben PC wie die Beantragung erfolgen, sonst funktioniert sie nicht.

Im Anschluss wählen Sie links im Menü den Punkt Solicitar Certificado:

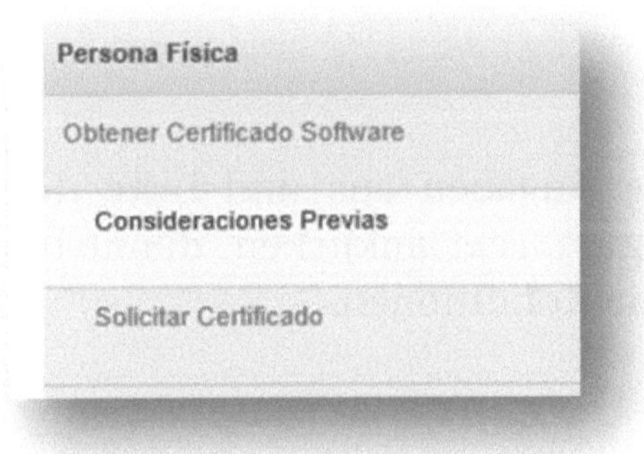

Es erscheint diese Seite:

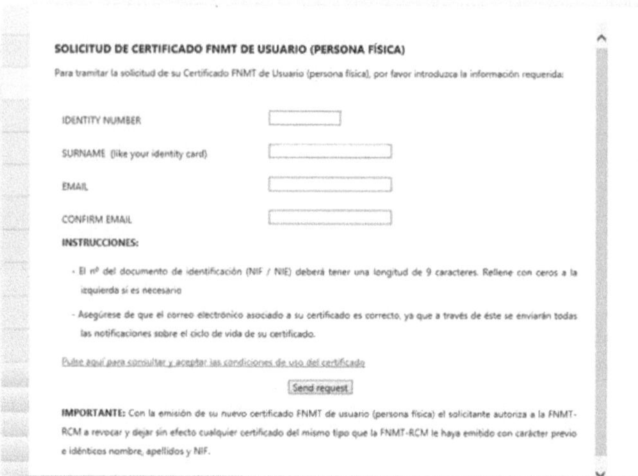

SOLICITUD DE CERTIFICADO FNMT DE USUARIO (PERSONA FÍSICA)

Para tramitar la solicitud de su Certificado FNMT de Usuario (persona física), por favor introduzca la información requerida:

IDENTITY NUMBER

SURNAME (like your identity card)

EMAIL

CONFIRM EMAIL

INSTRUCCIONES:

- El nº del documento de identificación (NIF / NIE) deberá tener una longitud de 9 caracteres. Rellene con ceros a la izquierda si es necesario
- Asegúrese de que el correo electrónico asociado a su certificado es correcto, ya que a través de éste se enviarán todas las notificaciones sobre el ciclo de vida de su certificado.

Pulse aquí para consultar y aceptar las condiciones de uso del certificado

Send request

IMPORTANTE: Con la emisión de su nuevo certificado FNMT de usuario (persona física) el solicitante autoriza a la FNMT-RCM a revocar y dejar sin efecto cualquier certificado del mismo tipo que la FNMT-RCM le haya emitido con carácter previo e idénticos nombre, apellidos y NIF.

Sie füllen die Angaben aus und bitte den blau hinterlegten Text anklicken, damit bestätigen sie die Konditionen.

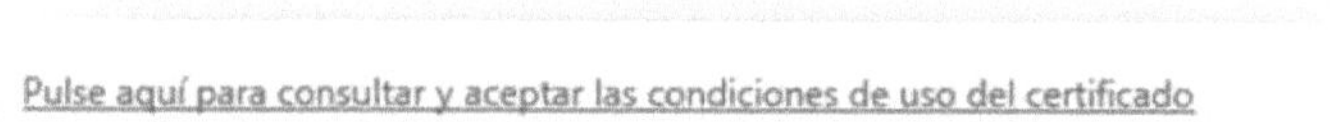

Anschließend drücken Sie auf *SEND request*.

Bei manchen Browsern (das hängt von den Sicherheitseinstellungen ab) erscheint nun diese Meldung, welche sie bitte mit „Ja" bestätigen.

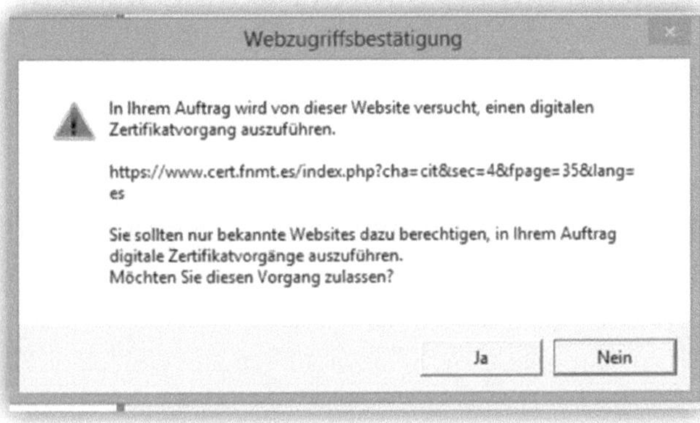

Jetzt bekommen Sie eine E-Mail zugesandt.

Diese Email müssen Sie nun ausdrucken. Zusammen mit Ihrem Ausweisdokument, Ihrer *N.I.E.*-Nummer, Kopien der beiden Dokumente und diesem Zahlencode gehen Sie zu einer zugelassenen Stelle.

In der Regel sind das die Sozialversicherung und die Finanzämter.

Auch können Sie das Zertifikat beim Finanzamt beantragen. Sie gehen an dieselbe Stelle wie zur *N.I.E.*- Aktivierung, also zu *Censos*. Dort legen Sie den Zahlencode, Ihre N.I.E.-Nummer mit Kopie und den Personalausweis oder Reisepass mit Kopie vor. Sie erhalten ein Dokument, welches Sie unterschreiben müssen. Nach ca. 24 Stunden gehen Sie an Ihrem PC wieder auf die Seite

www.fnmt.es

Klicken Sie wieder auf *Obtenga su Certificado Digital:*

Dann links in der Navigationsleiste wieder auf Persona fisica, dann wieder Obtener Certificado Software und jetzt links auf *Descarga del certificado*

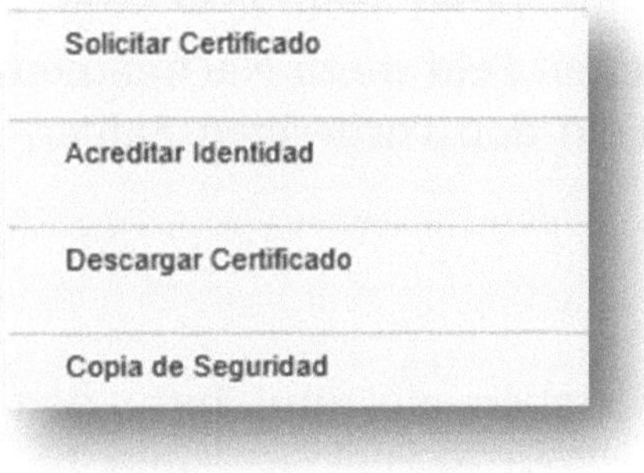

Es erscheint folgende Seite:

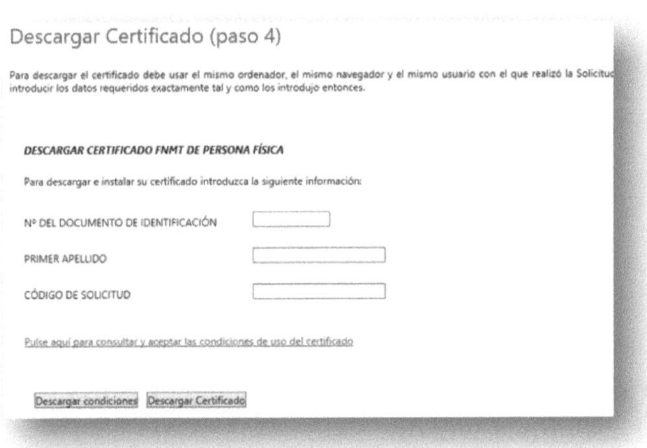

Hier geben Sie im ersten Feld Ihre *N.I.E.*-Nummer, im zweiten Feld Ihren Nachnamen und im dritten Feld den vorherigen Zahlencode ein.

Sie füllen die Angaben aus und bitte den blau hinterlegten Text anklicken, damit bestätigen sie die Konditionen.

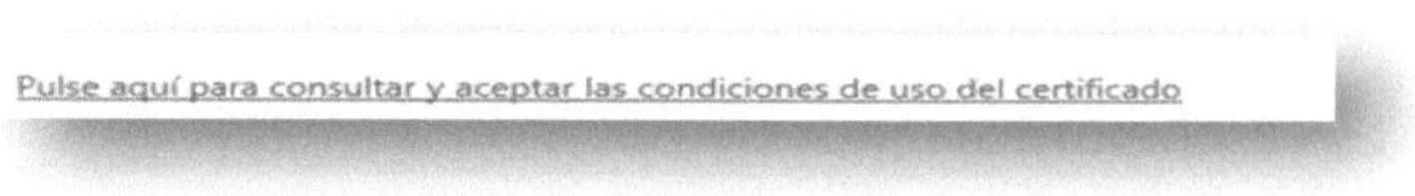

Dann abschließend den Punkt *Descargar Certificado* klicken um es zu installieren.

Es erfolgt eine Meldung, dass das *Certificado* installiert wurde.

Sie können das wie folgt kontrollieren: Gehen Sie im Internetexplorer auf Internetoptionen.

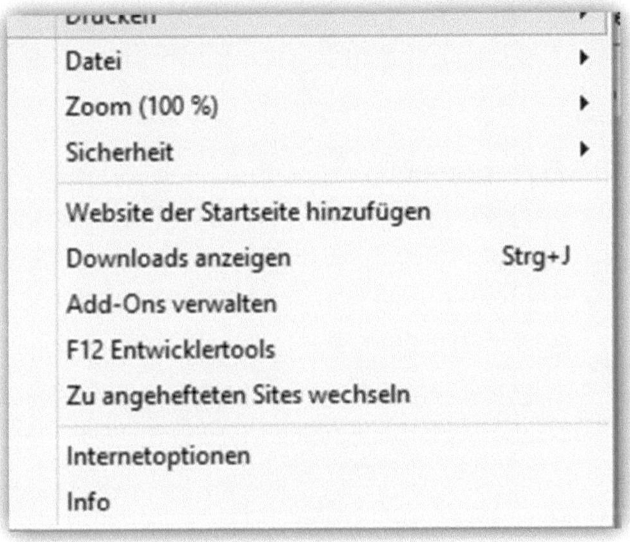

Dort wählen Sie den Punkt Inhalte.

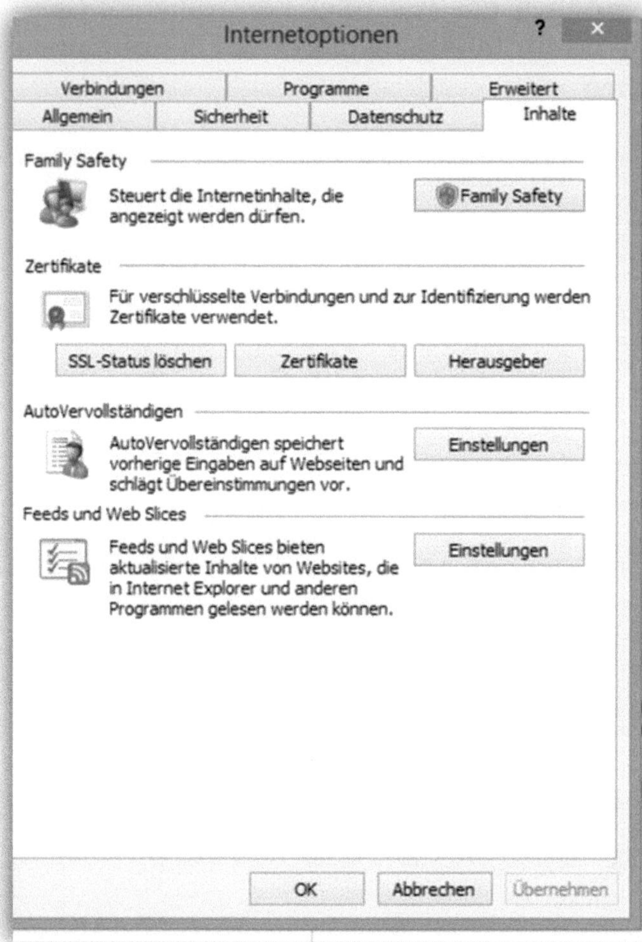
Internetoptionen
Verbindungen
Programme
Erweitert
Allgemein
Sicherheit
Datenschutz
Inhalte
Family Safety
Steuert die Internetinhalte, die angezeigt werden dürfen.
Family Safety
Zertifikate
Für verschlüsselte Verbindungen und zur Identifizierung werden Zertifikate verwendet.
SSL-Status löschen
Zertifikate
Herausgeber
AutoVervollständigen
AutoVervollständigen speichert vorherige Eingaben auf Webseiten und schlägt Übereinstimmungen vor.
Einstellungen
Feeds und Web Slices
Feeds und Web Slices bieten aktualisierte Inhalte von Websites, die in Internet Explorer und anderen Programmen gelesen werden können.
Einstellungen
OK
Abbrechen
Übernehmen

Unter dem Punkt „Zertifikate“ können Sie kontrollieren, ob es installiert ist. Es steht unter „eigene Zertifikate“ und beginnt mit *NOMBRE*, dann folgt Ihr Nachname und ausgestellt ist es von *FNMT Clase 2A*.

Von dort aus können Sie das Zertifikat auch Exportieren. Dies ist zu empfehlen, damit Sie es eventuell auf einem anderen Computer installieren können. Zum Exportieren wählen Sie das Zertifikat aus und klicken auf „Exportieren“.

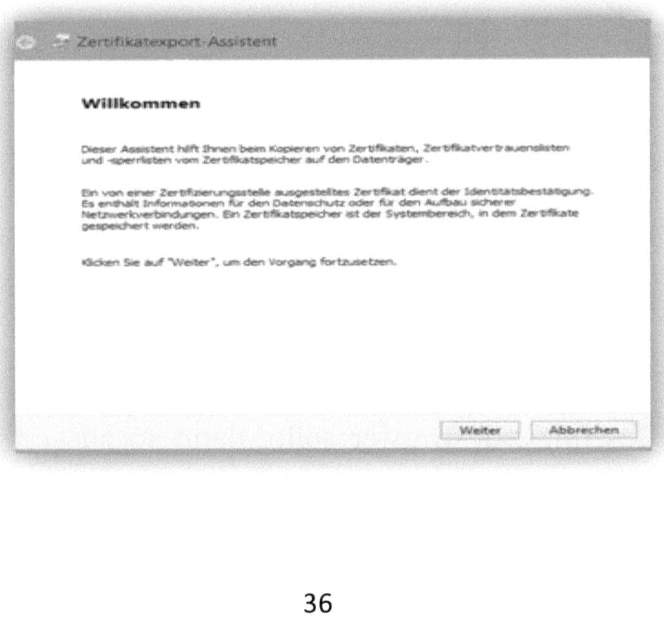

Klicken Sie auf „Weiter“.

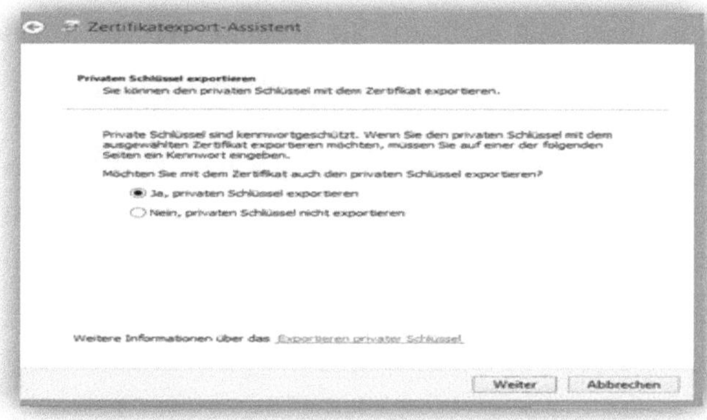

Aktivieren Sie den ersten Punkt, „Ja, privaten Schlüssel exportieren“.

Klicken sie auf „Weiter“.

Das folgende Fenster sollte dann so aussehen:

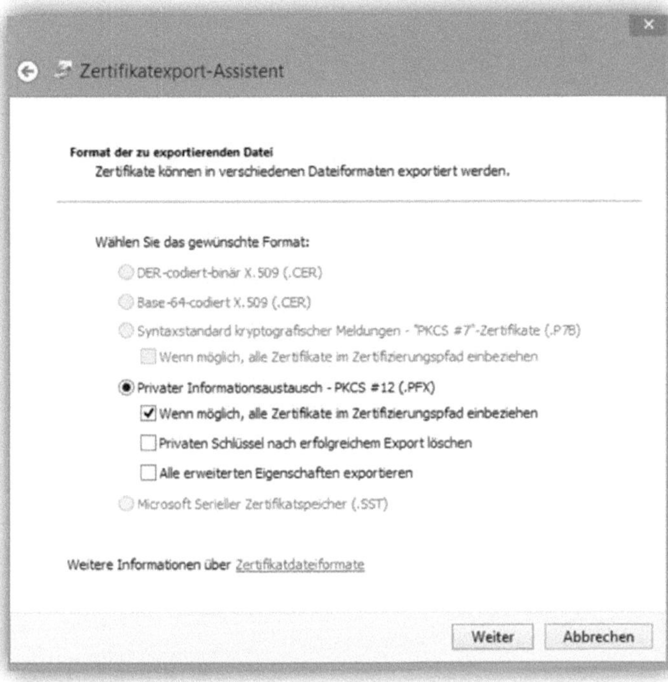

Klicken Sie auf „Weiter“:

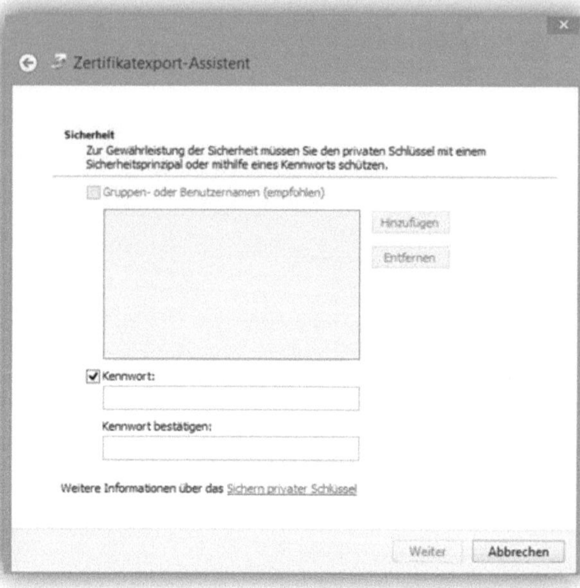

Aktivieren sie ein von ihnen ausgewähltes Kennwort und geben es bei „Kennwort bestätigen“ ein zweites Mal ein. Klicken sie auf „Weiter“. Es folgt:

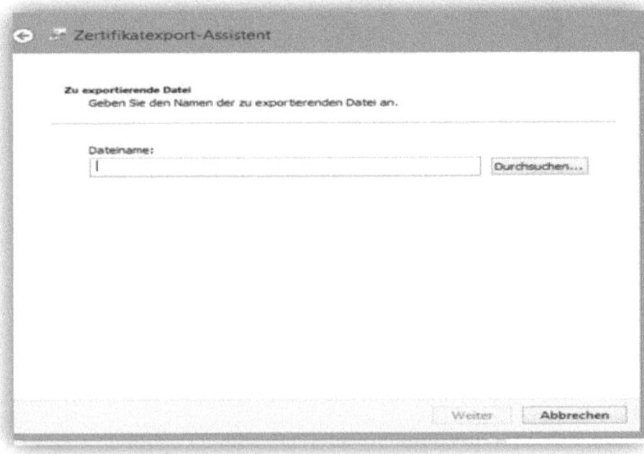

Geben sie einen Dateinamen ein, z.B. Mustermann, Max Zertifikat FNMT

Abschließend klicken sie auf „Fertig stellen“. Nun sollte die Datei auf Ihrem Desktop erscheinen.

Von hier aus können sie diese z. B. auf einen USB-Stick kopieren.

Die Sozialversicherungsnummer

Um selbstständig zu sein benötigen sie natürlich auch eine Sozialversicherungsnummer. Da sie ja ein Software Zertifikat (Firma Digital) haben, sparen sie sich den Weg zum Amt und erledigen die Anmeldung einfach auf der Website der Sozialversicherung.

https://sede.seg-social.gob.es

Dort wählen sie den Punkt Ciudadanos

Dann den Punkt Afiliación y Inscripcion

Dann auf wählen sie den Punkt Asignación de número de Seguridad Social

Asignación de número de Seguridad Social

Dann wählen sie den Zugang Certificado Digital – das ist ihr Software Zertifikat, welches jetzt normalerweise (je nach Browser) auch angezeigt wird und bestätigt werden muss.

Sie werden durch ein einfaches Menu geführt, am Ende bestätigen sie das Ganze und erhalten eine PDF Datei auf welcher die Nummer aufgeführt ist.

Die Sozialbeitragspflicht in Spanien

Wenn man beschlossen hat in Spanien ein Gewerbe anzumelden, muss man sich von vorneherein darüber im Klaren sein, dass man eine Zwangsabgabe bei der Sozialversicherung leisten muss. Diese ist vollkommen unabhängig vom Einkommen. Dieser Beitrag heißt im Volksmund Autónomo. In diesem Beitrag ist die gesetzliche Krankenversicherung eingeschlossen und auch ein Beitrag zur Rentenversicherung.

Anbei haben sie eine aktuelle Übersicht über die Bemessungsgrundlagen in 2017.

Beitragsbemessungsgrundlage für Personen bis einschließlich 47 Jahren.	• Erwerbstätige, die am 01.01.2017 noch nicht 47 Jahre alt sind, können zwischen der Unter- und Höchstgrenze der Bemessungsgrundlage wählen. • Die gleiche Wahl haben die Erwerbstätigen, die zum erwähnten Datum 47 Jahre alt sind und deren Bemessungsgrundlage im Dezember 1945,80 Euro oder mehr pro Monat betrug oder die sich nach

	dem besagten Datum in diesem Sondersystem angemeldet haben. • Erwerbstätige, die am 1. Januar 2017 47 Jahre alt sind und deren Bemessungsgrundlage weniger als 1.964,70 Euro pro Monat betrug, können keine Bemessungsgrundlage wählen, die höher als 1964,70 Euro pro Monat ausfällt, außer wenn sie ihre Wahl in diesem Sinne vor dem 30. Juni 2017 treffen. Diese wird dann ab dem 1. Juli desselben Jahres wirksam. Diese Beschränkung gilt nicht im Falle des überlebenden Ehegatten des Geschäftsinhabers, der infolge des Todes seines Ehegatten das Geschäft übernehmen und sich mit 47 Jahren in diesem Sondersystem anmelden musste.
Bemessungsgrundlage für Personen mit einem Alter von 48 oder mehr Jahren.	• Bei Erwerbstätigen, die am 01.01 2017 das 48. oder mehr Lebensjahre vollendet haben, bewegt sich die Bemessungsgrundlage zwischen 963,30 und 1964,70 pro Monat. • Im Falle des überlebenden Ehegatten des Geschäftsinhabers, der infolge des Todes seines Ehegatten das Geschäft übernehmen und sich mit 45 oder mehr Jahren in diesem

	Sondersystem anmelden musste, bewegt sich die wählbare Bemessungsgrundlage zwischen 893,10 und 1964,70 Euro pro Monat.
Bemessungsgrundlage für Personen mit einem Alter von 48 oder 49 Jahren.	• Erwerbstätige, die am 1. Januar 2011 48 oder 49 Jahre alt waren und deren Bemessungsgrundlage höher als 1.964,70 Euro pro Monat war, können eine Bemessungsgrundlage zwischen 893,10 Euro pro Monat und dem um 1% erhöhten Betrag jener Bemessungsgrundlage wählen, wobei sie nicht höher als der Höchstbetrag der Bemessungsgrundlage sein darf.
Bemessungsgrundlage für Personen über 50 Jahre mit 5 oder mehr Beitragsjahren.	• Wenn die letzte Bemessungsgrundlage bis zu 1945,80 Euro beträgt, beläuft sich die Beitragsbemessungsgrundlage zwischen 893,10 und 1964,70 Euro/monatlich. • Wenn die letzte Bemessungsgrundlage höher als 1.964,70 Euro ist, beträgt die Beitragsbemessungsgrundlage zwischen 893,10 Euro pro Monat und dem um 1% erhöhten Betrag jener Bemessungsgrundlage. Falls diese nicht erreicht wird kann man eine Bemessungsgrundlage von bis zu 1964,70 Euro pro Monat

	wählen.
Satz bei zeitweiliger Arbeitsunfähigkeit	29,80 Prozent 29,30 Prozent bei Betriebsstilllegung oder bei Arbeitsunfall und Berufskrankheit
Satz ohne zeitweilige Arbeitsunfähigkeit	26,50 Prozent
Satz bei Arbeitsunfall und Berufskrankheit (mit zeitweiliger Arbeitsunfähigkeit)	Beitragstabelle Vierte Zusatzbestimmung des Gesetzes 42/2006 vom 23. Dezember

Selbstständige, die ambulanten oder Hausverkauf betreiben: unabhängig vom Alter des Erwerbstätigen und den effektiven Jahren, in denen er Beiträge an die Sozialversicherung gezahlt hat, sind die Mindestbeitragsbemessungsgrundlagen dieser Erwerbstätigen (CNAE-Codes (Nationale Klassifizierung der wirtschaftlichen Tätigkeit) 4781, 4782, 4789, 4799) im Jahr 2017:

1) Unternehmensbeteiligte Erwerbstätige in Arbeitsgenossenschaften: a) Märkte mit weniger als 8 Stunden am Tag: Option zwischen Mindestbemessungsgrundlage von Selbstständigen (893,10 €/Monat) oder 491,10 €/Monat. b) Märkte mit mehr als 8

Stunden am Tag und Erwerbstätige, die keine Einnahmen direkt von den Käufern erhalten: Option zwischen Mindestbemessungsgrundlage des Allgemeinen Systems (825,60 €/Monat) oder Mindestbemessungsgrundlage von Selbstständigen (893,10 €/Monat) oder 491,10 €/Monat für die Tätigkeit des CNAE-Codes 4799.

2) Eigenverantwortlich Erwerbstätige: Option zwischen Mindestbemessungsgrundlage des Allgemeinen Systems (825,60 €/Monat) oder Mindestbemessungsgrundlage von Selbstständigen (893,10 €/Monat), außer: a) wenn der CNAE-Code 4799 ist: zwischen der Mindestbemessungsgrundlage von Selbstständigen (893,10 €/Monat) oder 491,10 €/Monat. a) Märkte mit weniger als 8 Stunden am Tag: zwischen der Mindestbemessungsgrundlage von Selbstständigen (893,10 €/Monat) oder 491,10 €/Monat.

Wie Sie sich sicher ausrechnen konnten, beträgt der monatliche Beitrag je nach Alter mind. 266,14 €. Diesen Umstand sollte man unbedingt mit einkalkulieren, bevor man sich selbstständig macht. Im Jahr 2013 hat der spanische Staat allerdings ein Bonussystem/Pauschaltarif für die Menschen erschaffen, welche sich jetzt selbstständig machen möchten. Dies soll natürlich motivieren, sich in die Selbstständigkeit zu begeben. Im Folgenden stelle ihnen den Tarif vor.

Der Pauschaltarif für Selbstständige zur Unterstützung von Unternehmern und ihrer Internationalisierung ist am 28. September 2013 durch die Veröffentlichung des Gesetzes 14/2013 im Staatsanzeiger (BOE) in Kraft getreten. Im Wesentlichen besteht er in einer Reduzierung des monatlichen Sozialversicherungsbeitrags von Selbstständigen, wenn eine Reihe von Umständen vorliegen, die dazu berechtigen.

So müssen sie in den ersten sechs Monaten ihrer Tätigkeit als Selbstständige nur einen Betrag von 50 € zahlen. Während dieser Pauschaltarif zu Beginn restriktiver gehandhabt wurde, besteht die Hauptvoraussetzung dafür heute darin, in den **letzten fünf Jahren nicht** als Selbstständiger angemeldet gewesen zu sein. Das ist die einzige

Voraussetzung, aber in der Praxis verlangt die Sozialversicherung noch eine andere.

Keinen Anspruch auf einen verminderten Beitrag haben Geschäftsführer einer Gesellschaft, ein mithelfender Selbstständiger im Spezialsystem für Familienangehörige von Selbstständigen oder wer vorher eine Vergünstigung im Spezialsystem für Selbstständige erhalten hat. Andere Beschränkungen, wie angestellte Arbeitnehmer zu haben oder älter als 30 Jahre zu sein, sind beseitigt worden und stellen gegenwärtig kein Hindernis dar, um diesen Pauschaltarif in Anspruch zu nehmen.

Pauschaltarif für Selbstständige unter 30 Jahren

Selbstständige unter 30 Jahren haben Anspruch auf eine Reduzierung der Höhe des Beitrags von Selbstständigen zur Sozialversicherung, die in Abhängigkeit von der Zeit variiert. Als Beitrag für den Mindestsatz müssen sie zahlen:

- 50 Euro in den ersten sechs Monaten, eine Abrundung der vorherigen Ermäßigung des Beitrags von 264,44 Euro um 80%, bei der sich etwas mehr als 53 Euro ergaben.
- 50% Ermäßigung im folgenden Halbjahr, wo davon ausgegangen wird, dass der Selbstständige seine Tätigkeit schon aufgenommen hat und regelmäßige Einkünfte daraus erzielt. Der Beitrag beläuft sich für 2015 auf 132,22 Euro.
- 30% Ermäßigung im zweiten Jahr und in den ersten sechs Monaten des dritten Jahres, so dass der zu zahlende Beitrag 185,11 Euro beträgt. Er variiert allerdings, wenn sich der gesetzliche Mindestbeitrag in diesen Jahren ändert.

Pauschaltarif für Selbstständige über 30 Jahren

Erwerbstätige über 30 Jahren konnten zunächst von dieser Maßnahme nicht profitieren, was später korrigiert wurde. Auch wenn sie jetzt von dieser Maßnahme profitieren können, haben sie nicht die gleichen

Bedingungen wie die jüngeren Selbstständigen. Schauen wir, welche Ermäßigungen angewendet werden können:

- 50 Euro in den ersten sechs Monaten, das Gleiche, was auch für die neuen Selbstständigen unter 30 Jahren gilt.

- 50% Ermäßigung im folgenden Halbjahr, was gemäß dem Mindestbeitrag einen Beitrag im Jahr 2015 von 132,22 Euro bedeutet. Hier gibt es auch keine Änderung bei den Selbstständigen unter 30 Jahren.

- 30% Ermäßigung in den ersten sechs Monaten des zweiten Jahres. Hier ändert sich zwar nicht der Prozentsatz, wohl aber die Zeit, während der er gilt. Während die Selbstständigen unter 30 Jahren 18 Monate hatten, bleibt er für die über 30jährigen nur bei 6 Monaten.

Die Aufnahme in den Pauschaltarif für Selbstständige muss man bei der Anmeldung beantragen. Die Sozialversicherung überprüft, ob alle Voraussetzungen erfüllt werden, und wendet, falls ja, die entsprechenden Ermäßigungen auf den Mindestbeitrag für jeden entsprechend seines Alters an. Eine wesentliche Voraussetzung zur Beibehaltung dieser Ermäßigungen im Laufe der Zeit ist die regelmäßige monatliche Zahlung, denn bei einer Nichtzahlung wird dieser Beitrag automatisch gestrichen. Und man muss den normalen Tarif bezahlen.

Die Ermäßigung wird immer auf die Mindestbemessungsgrundlage angewendet. Wenn ein Selbstständiger für eine Bemessungsgrundlage von 1500 € Beiträge zahlen möchte, wird die Ermäßigung auf die Mindestbemessungsgrundlage angewendet, während der restliche Betrag keinen Anspruch auf Ermäßigung hat und für ihn der gewöhnliche Nominalsatz zu entrichten ist. Schließlich hat das Unternehmergesetz für Selbstständige mit Mehrfachtätigkeit, d.h. dass sie sowohl auf eigene als auch fremde Rechnung tätig sind, einige neue Ermäßigungen des Beitrags von Selbstständigen in solchen Fällen um 50 % eingeführt, wenngleich man zwischen dem Pauschaltarif oder den Ermäßigungen wegen Mehrfachtätigkeit wählen kann.

Wahl der Richtigen Berufsgruppe IAE

Der IAE Code, ist die Kategorisierung der Berufsgruppe. Diesen muss man anhand einer Liste heraussuchen. Das I steht für Impuestos (Steuer), das A für Actividades (Aktivität) und das E für Economicas (gewerblich). Das ist sozusagen der gewerbliche Aktivitäten Schlüssel. Sie sollten ihre Gewerbetätigkeit vorher genau formulieren.

Beim Finanzamt gibt es eine Liste, die man unter diesem Link abrufen kann.

https://www2.agenciatributaria.gob.es/ADUA/internet/es/aeat/dit/adu/adws/certificados/Tabla_de_epigrafes_IAE.pdf

Sollte dieser Link irgendwann nicht mehr gehen, suchen sie in Google nach codigo IAE und wählen dann das Angebot von Agenciatributaria.gob aus.

Sie sehen es sind 21 Seiten, eine Übersetzung würde mein Buch wirklich sprengen.

Daher das wichtigste:

Zu beachten ist, dass die Auswahl einer der Kategorien zur Gewerbesteuer verschiedene steuerliche Konsequenzen hat. Das ist ein heikles Thema, welches die berufliche Zukunft bestimmen kann, deshalb sollte man die Unterstützung von einem Berater in Anspruch nehmen, der die verschiedenen Kategorien genau untersucht und die auswählt, die am vorteilhaftesten sind.

In vielen Fällen ist die richtige Auswahl nämlich gar nicht so einfach, wie es scheint, und wir haben schon zu viele Selbstständige gesehen, die eine falsche Entscheidung getroffen haben und deshalb später Probleme bekommen haben.

Die wichtigsten steuerlichen Auswirkungen sind:

- Die für die Tätigkeit oder Tätigkeiten anzuwendende Mehrwertsteuer (4 %, 10 %, 21 % oder Freistellung).

- Die Selbstständigen, die unter dem Abschnitt Berufstätigkeiten (zweiter

Abschnitt) arbeiten, müssen eine Vorauszahlung für die Einkommenssteuer von 15 % einbehalten und in ihren Rechnungen aufführen, wenn diese an Unternehmen oder andere Geschäftskunden ausgestellt werden. Optional kann dieser Einbehalt in den ersten drei Jahren der Geschäftstätigkeit auf 7 % reduziert werden. In den land-, forst- und viehwirtschaftlichen Tätigkeiten beläuft er sich auf 2 %. Um in diese Kategorie zu fallen, muss man entweder im Colegio eingeschrieben sein (z.B. Notare, Ärzte, Anwälte) oder die entsprechenden anerkannten Berufsnachweise haben.

- Bei Tätigkeiten im Einzelhandel ist man zur Zahlung von Ausgleichsabgaben zur Mehrwertsteuer verpflichtet.

Wissenswertes:

Um die Steuererklärung so einfach wie möglich zu halten, wird empfohlen, sich für eine einzige Tätigkeit zu entscheiden. Das ist natürlich nicht immer möglich, beispielsweise wenn eine Designerin, die Kleidung herstellt, diese in ihrem eigenen Laden verkauft. Sie muss sich sowohl als Produzentin als auch als Einzelhändlerin registrieren lassen. Wenn man mehr als eine Geschäftstätigkeit wählst, sollte darauf geachtet werden, dass beide Geschäftstätigkeiten den gleichen Regelungen zur Umsatz- und Einkommenssteuer unterliegen.

Wenn man die Geschäftstätigkeit als nur eine Tätigkeit vereinfacht, ist man dazu verpflichtet, dass bei der Rechnungsstellung der Gegenstand der Rechnungen in Zusammenhang mit dieser Aktivität steht, für die man sich in der Kategorie zur Gewerbesteuer entschieden hat.

Nicht alle Geschäftstätigkeiten fallen unter die offizielle Kategorieliste zur Gewerbesteuer. Aber es gibt verschiedene Kästchen wie „andere Geschäftstätigkeiten…nicht in anderen Bereichen inbegriffen“, die es ermöglichen, sich in die richtige Gruppe einzuordnen.

Die Verzeichnisliste zur Gewerbesteuer ist etwas veraltet und bedarf einer Überarbeitung, wie wir in diesem Beitrag erläutern werden. Es gibt zahlreiche berufliche Profile, die in keinen spezifischen Bereich eingeordnet werden können. Hervorzuheben ist auch das Fehlen jeglicher konkreten Klassifizierung von digitalen Berufen, ein weiterer Hinweis darauf, dass dieses Arbeitsverzeichnis überarbeitet werden sollte.

Abschnitt des Gewerbesteuerformulars für den elektronischen Handel: Laut Finanzamt ist der elektronische Handel gemäß der Art der Geschäftstätigkeit zu klassifizieren, welche man ausführt, das heißt, wenn man einen Online-Shop für Bekleidung hat, muss man sich als Einzelhändler für Bekleidung registrieren. Wenn man im Verzeichnis der Gewerbesteuer keine Tätigkeit, kein Produkt oder keine Dienstleistung findest, die der Geschäftstätigkeit entsprechen, kann man den Bereich 665 wählen: „Einzelhandel über Versand oder Katalog", da auch hierfür kein Geschäftslokal benötigt wird.

Im folgendem ist die Liste sehr verkürzt dargestellt. Sie soll helfen, wo man seine Berufsgruppe genau findet.

Es gibt 3 Abschnitte unter welche jeweils die Gewerbetätigkeiten gelistet sind. Jede

Tätigkeit hat einen eignen Epigrafen, welchen man in der detaillierten Liste des Finanzamt unter dem weiter oben genannten Link abrufen kann.

1.Abschnitt UNTERNEHMERISCHE TÄTIGKEITEN	(Viehwirtschaft, Bergbau, Industrie, Handel und Dienstleistungen).
Bereich 0	UNABHÄNGIGE VIEHWIRTSCHAFT
Bereich 1	ENERGIE UND WASSER
Bereich 2	ABBAU UND BEARBEITUNG VON MINERALIEN, DIE NICHT ZUR ENERGIEERZEUGUNG VERWENDET WERDEN, UND IHREN ERZEUGNISSEN. CHEMISCHE INDUSTRIE
Bereich 3	METALLVERARBEITENDE INDUSTRIE, FEINMECHANIK
Bereich 4	ANDERE VERARBEITENDE INDUSTRIEN
Bereich 5	BAUGEWERBE
Bereich 6	HANDEL, RESTAURANTS, UNTERKÜNFTE UND REPARATUREN
Bereich 7	TRANSPORT UND KOMMUNIKATION

Bereich 8	FINANZGEWERBE, VERSICHERUNGEN, UNTERNEHMENSDIENSTLEISTUNGEN UND VERMIETUNG
Bereich 9	ANDERE DIENSTLEISTUNGEN

2. Abschnitt BERUFSTÄTIGKEITEN	BERUFSTÄTIGKEITEN
Bereich 0	Berufliche Tätigkeiten in den Bereichen Landwirtschaft, Viehwirtschaft, Jagd und Fischerei
Bereich 1	Berufliche Tätigkeiten in den Bereichen Energie, Wasser, Bergbau oder chemischer Industrie stehen
Bereich 2	Berufliche Tätigkeiten in den Bereichen Luftfahrt, Telekommunikation oder Feinmechanik
Bereich 3	Berufliche Tätigkeiten im Zusammenhang mit anderen verarbeitenden Industrien
Bereich 4	Berufliche Tätigkeiten im Bereich Baugewerbe
Bereich 5	Berufliche Tätigkeiten in den Bereichen Handel

	und Hotelgewerbe
Bereich 6	Berufliche Tätigkeiten in den Bereichen Transport und Kommunikation
Bereich 7	Berufliche Tätigkeiten in den Bereichen Finanzwirtschaft, Recht, Versicherungen und Vermietung
Bereich 8	Berufliche Tätigkeiten im Zusammenhang mit anderen Dienstleistungen

3. Abschnitt	KÜNSTLERISCHE TÄTIGKEITEN

Das klingt alles sehr theoretisch, machen wir ein Beispiel. Sie möchten gerne kleine Umbauarbeiten anbieten. Dann schauen wir mal im ersten Abschnitt nach und gehen die Bereiche durch. Im Bereich 5 werden wir also fündig, dann können wir uns jetzt die Liste vom Finanzamt anschauen und konzentrieren uns nur auf diesen Bereich:

501		EDIFICACION Y OBRA CIVIL
501	501.1	CONSTRUCCION COMPLETA, REPAR. Y CONSERV.
501	501.2	CONSTRUCC. COMPLETA OBRAS CIVILES
501	501.3	ALBAÑILERIA Y PEQ. TRABAJOS CONSTRUCCION
502		TERRENOS,DEMOLICIONES,AGUAS Y PAVIMENTOS
502	502.1	DEMOLICIONES Y DERRIBOS EN GENERAL
502	502.2	CONSOLIDACION Y PREPARACION DE TERRENOS
502	502.3	CONSOLID. Y PREP. TERRENOS OBRAS CIVILES
502	502.4	CIMENTACIONES Y PAVIMENTACIONES
502	502.5	CIMENTACIONES Y PAVIMENTAC.OBRAS CIVILES
502	502.6	PERFORACIONES ALUMBRAMIENTO DE AGUAS
503		ESTRUCTURAS,CUBIERTAS,POSTES,TORRES,ETC.
503	503.1	PREP. MONTAJE ESTRUCTURAS Y CUBIERTAS
503	503.2	PREP. ESTRUC. CUBIERTAS EN OBRAS CIVILES
503	503.3	MONTAJE ESTRUC. METALICAS TTE. Y OBRAS
503	503.4	OBRAS SIN MAQUINAS Y SIN MAS 4 OBREROS
504		INSTALACIONES Y MONTAJES
504	504.1	INSTALACIONES ELECTRICAS EN GENERAL
504	504.2	INSTALACIONES FONTANERIA
504	504.3	INSTALACIONES FRIO Y CALOR
504	504.4	INSTALACIONES PARARRAYOS
504	504.5	INSTALACION COCINAS
504	504.6	INSTALACION APARATOS ELEVADORES
504	504.7	INSTALACIONES TELEFONICAS
504	504.8	MONTAJES METALICOS E INSTALAC. INDUSTR.
505		ACABADO DE OBRAS
505	505.1	REVESTIMIENTOS EXTERIORES E INTERIORES
505	505.2	SOLADOS Y PAVIMENTOS
505	505.3	SOLADOS Y PAVIMENTOS DE MADERA
505	505.4	COLOCACION DE AISLAMIENTOS EN EDIFICIOS
505	505.5	CARPINTERIA Y CERRAJERIA
505	505.6	PINTURA, Y REVESTIMIENTOS EN PAPEL
505	505.7	ESCAYOLA Y YESOS
506		SERVICIOS AUX. DE LA CONST. Y DRAGADOS
506	506.0	INSTALACION DE ANDAMIOS, CIMBRAS, ETC.
507		CONSTRUCCION DE TODA CLASE DE OBRAS
508		AGRUPACIONES Y UNIONES TEMPOR. EMPRESAS

Die Liste beim FA ist gegliedert nach der Seccion, welches wir als Abschnitt bezeichnen, dann die Division, welche wir hier mit Bereich übersetzt haben, dann kommt noch zwei Untergruppieren und im Feld Epigrafe findet sich der IAE Code.

In unserem Beispiel wäre dies der Code 501.3 ALBAÑILERIA Y PEQ. TRABAJOS CONSTRUCCION.

Wenn sie jetzt den richtigen Code zur Hand haben, kommt die nächste Frage, nämlich die der richtigen Besteuerung.

Neben der ganz normalen Versteuerung (Regimen General) gibt es auch noch einige Eigenheiten und Ausnahmen. Die wichtigsten stelle ich in den drei folgenden Kapiteln vor.

Recargo de equivalencia-Ausgleichabgabe

Im Laufe dieses Artikels werden wird uns mit den folgenden Themen beschäftigen:

- Was ist die Ausgleichsabgabenregelung und für wen findet sie Anwendung?
- Worin besteht die Ausgleichsabgabe?
- Arten von Ausgleichsabgaben
- Vor- und Nachteile
- Buchführung im Rahmen der Ausgleichsabgabenregelung
- Weitere Verpflichtungen

1. Was ist die Ausgleichsabgabenregelung und für wen findet sie Anwendung?

Die Ausgleichsabgabenregelung *(Recargo de equivalencia)* ist eine **Sonderregelung zur Mehrwertsteuer, verpflichtend** für Einzelhändler (erster Abschnitt, Bereich 6), die die Produkte, die sie verkaufen, in keiner Weise bearbeiten, das heißt für **selbstständige Verkäufer, die an einen Endkunden verkaufen.** Diese Regelung gilt sowohl für natürliche Personen, die selbstständig gemeldet sind, als auch für sogenannte Gütergemeinschaften.

Die Regelung findet keine Anwendung im Rahmen von industriellen Tätigkeiten, Dienstleistungen oder im Großhandel. Es gibt einige **freigestellte** Tätigkeiten, wie beispielsweise Juweliere, Kürschner, Autohändler, Verkäufer von Booten und Flugzeugen, Kunstobjekten, Tankstellen und Geschäften, die mit Industriemaschinen oder Mineralstoffen handeln.

Selbstständige, die im Rahmen ihrer Geschäftstätigkeit mehr als 20 Prozent ihrer Waren an Geschäftskunden oder Unternehmen verkaufen, können sich von dieser Verpflichtung befreien lassen und die normale Mehrwertsteuerregelung anwenden, und zwar nur dann, wenn sie dem Finanzamt am Ende des Geschäftsjahres die entsprechenden Belege vorweisen können.

Ob **die Beiträge gemäß der Ausgleichsabgabenregelung bezahlt werden müssen oder nicht,** hängt davon ab, wie man sich beim **Finanzamt angemeldet hat** und verpflichtet einen danach dazu, sich darüber zu informieren, wie die Buchhaltung richtig auszuführen ist. Daher ist es wichtig, einen guten Berater zu haben.

2. Worin besteht die Ausgleichsabgabe?

Vom Einzelhändler wird erwartet, dass er eine etwas höhere Umsatzsteuer als normal zahlt, da er dem Finanzamt keine Umsatzerklärung vorlegen muss. Auf diese Weise zahlt er die Umsatzsteuer direkt seinen Lieferanten, der Umgang mit der Umsatzsteuer wird stark vereinfacht. Diese Regelung findet nur Anwendung für Güterrechnungen zu Waren und anderen Artikeln.

Der **Lieferant des Händlers ist derjenige, der die Ausgleichsabgaben in seinen Rechnungen mit angeben muss,** und zwar getrennt von der normalen Umsatzsteuer. Zudem muss er beide Summen als Bruttomehrwertsteuer in seiner Umsatzsteuererklärung aufführen.

3. Arten von Ausgleichsabgaben

Gemäß dem königlichen Gesetzesdekret 20/2012 über Maßnahmen zur Sicherstellung einer Haushaltsstabilität und Wettbewerbsfähigkeit, die auch die Anhebung des Mehrwertsteuersatzes beinhaltet, sind die seit dem 1. September 2012 anzuwendenden Ausgleichsabgaben die Folgenden:

- 5,2 % für Waren, deren Mehrwertsteuer 21 % beträgt.

- 1,4 % für Waren, die einen reduzierten Mehrwertsteuersatz von 10 % haben.
- 0,5 % für Waren, die einen reduzierten Mehrwertsteuersatz von 4 % haben.
- 0,75 % auf Tabakprodukte.

So erhält beispielsweise ein Lebensmittelhändler, der von seinem Lieferanten Waren im Wert von 4.000 bekommt, folgende Rechnung: 4.000 + 21 % Mehrwertsteuer + 5,2 % Ausgleichsabgaben = 5.091,68 €.

Es gibt eine Ausnahme, nämlich den Fall der Selbstveranlagung im Zusammenhang mit innergemeinschaftlichen Anschaffungen. Dabei muss der Unternehmer selbst die Umsatzsteuerzahlung und die entsprechende Ausgleichsabgabe übernehmen. Hierfür wird das Formular 309 für nicht regelmäßige Erklärungen verwendet.

4. Vor- und Nachteile der Ausgleichsabgaben

Wichtigster Vorteil dieser Umsatzsteuerregelung ist es, die **administrative Arbeit** des Einzelhändlers **zu vereinfachen**. So müssen die Selbstständigen unter der Ausgleichsabgabenregelung weder Umsatzsteuererklärungen vorlegen noch die buchhalterischen Tätigkeiten ausführen, die mit der Führung der Umsatzsteuerbücher und der Vorbereitung der steuerlichen Erklärung verbunden sind.

Hier zwei wichtige Nachteile:

- **Die Vorsteuer, eingeschlossen die Ausgleichsabgaben, kann weder steuerlich abgesetzt** noch auf andere Weise wiedererlangt werden, deshalb müssen die höheren Anschaffungskosten für Waren oder zu verkaufende Produkte berücksichtigt werden.
- Selbstständige, die gemäß der Ausgleichsabgabenregelung tätig sind, können außerdem **nicht** die **Mehrwertsteuer für Investitionen** absetzen, die sie für ihr Geschäft tätigen. Daher ist es alles andere als attraktiv für diese Unternehmen, einen Einzelhandel zu gründen und dabei eine große Summe an Geld zu investieren, da sie ja die im Rahmen der Anschaffung von Anlagevermögen anfallende Mehrwertsteuer nicht geltend machen können. In diesen Fällen bietet es sich daher normalerweise an, eine Gesellschaft mit beschränkter Haftung (S.L.) zu gründen.

5. Buchführung im Rahmen der Ausgleichsabgabenregelung

- Der Einzelhändler, der gemäß der Ausgleichsabgabenregelung tätig ist, ist weder dazu verpflichtet ein **Rechnungsbuch** im Zusammenhang mit der Umsatzsteuer zu führen noch vierteljährliche Umsatzsteuererklärungen vorzulegen.
- Er muss jedoch weiterhin seine Bücher für die **Einkommenssteuer** führen und zwar gemäß der gewählten Steuerregelung. Für die am häufigsten gewählte Regelung, die vereinfachte direkte Steuerfestlegung *(estimación directa simplificada)*, müssen alle Verkäufe und Einnahmen, Käufe und Ausgaben und Kapitalanlagen in den Büchern festgehalten werden. In der objektiven Steuerfestlegung *(estimación objetiva)* müssen nur die Verkäufe, Einnahmen und Kapitalanlagen in den Büchern verzeichnet werden.

6. Weitere Verpflichtungen

Der selbstständige Händler ist dazu verpflichtet, **seinen Lieferanten mitzuteilen und zu belegen, dass die Bestimmungen der Ausgleichsabgabenregelung Anwendung finden** und wenn er Käufe innerhalb der EU tätigt, muss er dies den Zollbehörden belegen.

Wenn ein Kunde um eine Rechnung bittet, ist ein Händler, der gemäß der Ausgleichsabgabenregelung tätig ist, dazu verpflichtet, ihm diese mit Aufführung der Mehrwertsteuer bereitzustellen, damit der Kunde diese steuerlich absetzen kann - auch in dem Fall, wenn der Händler keine Umsatzsteuer an das Finanzamt abführt.

Bei Lieferungen in EU-Mitgliedsländer, Exporten oder wenn der Empfänger eine öffentliche Verwaltung oder juristische Person ist, die nicht als Unternehmer oder Geschäftskunde handelt, muss immer eine Rechnung beigelegt werden,

Wenn ein Selbstständiger im Rahmen von zwei verschiedenen Umsatzsteuerregelungen tätig ist und eine davon die Ausgleichsabgabenregelung ist, muss er ein Verzeichnis mit all jenen Rechnungen führen, die gemäß dieser Regelung ausgestellt werden.

Régimen Especial de Bienes Usados (REBU)

Was sind die Sonderregelungen für Gebrauchtwaren?

Vielleicht kommen ihnen selbst diese deutschen Worte „Sonderreglungen für Gebrauchtwaren“ (Régimen Especial de Bienes Usados, kurz REBU) Spanisch vor. In Deutschland gibt es eine vergleichbare Regelung unter dem Namen Differenzialbesteuerung. Das kommt ihnen dann vielleicht schon etwas bekannter vor.

Viele Autohändler, Second-Hand-Shops (Typ: Cash) und Verkäufer von Gebrauchtwaren, Kunstwerken und Sammelobjekten nutzen diese Regelungen bei der Abführung ihrer Umsatzsteuer.

Diese Regelungen sind in den Artikeln 135 bis 139 des Umsatzsteuergesetzes (Ley de IVA) festgehalten. Im Grunde handelt es sich hierbei um Sonderregelungen zur Umsatzsteuer, die geschaffen wurden, um den neutralen Status der Steuern aufrechtzuerhalten, da gebrauchte Waren, die gemäß diesen Regelungen verkauft werden, von Steuerpflichtigen gekauft werden, die die Mehrwertsteuer der Käufe nicht als Vorsteuer absetzen konnten

Voraussetzungen für die Sonderregelungen für Gebrauchtwaren

1.) Das wichtigste Merkmal ist, dass die steuerpflichtigen Händler diese Sonderregelung freiwillig anwenden können.

2.) um die Sonderregelungen für Gebrauchtwaren anwenden zu können, müssen die Waren an die steuerpflichtigen Händler verkauft worden sein, ohne das beim Kauf eine Mehrwertsteuer veranschlagt wurde, beispielsweise im Fall von:

- Personen, die keine Unternehmer oder nicht in diesem Bereich beruflich tätig sind (Verkäufe von Privatleuten).
- Unternehmern, die die Waren an den Händler mehrwertsteuerbefreit verkauft haben (z.B. Ärzte oder andere

Berufsfelder, die ohne Mehrwertsteuer verkaufen können)

- Anderen steuerpflichtige Händlern, die diesen Sonderregelungen für Gebrauchtwaren unterworfen sind
- Anderen Unternehmern und Freiberuflern der Europäischen Union, die ihre Steuerzahlungen gemäß der Zollbefreiung leisten

3.) Die Person, die das Produkt weiterverkauft, muss als Unternehmer handeln und der Warenverkauf muss zu seinen gewöhnlichen Geschäftstätigkeiten gehören. Es reicht nicht, diese Tätigkeit nur für einen beschränkten Zeitraum auszuführen.

Wie wird die Umsatzsteuer gemäß den Sonderregelungen für Gebrauchtwaren berechnet?

Zunächst muss festgehalten werden, dass die Umsatzsteuer nur für die Gewinnspanne bezahlt wird, die nach dem Verkauf übrigbleibt und nicht für den Gesamtpreis des

Produkts. Um dies praktisch anzuwenden, gibt es zwei Möglichkeiten:

1.) Berechnung der Bemessungsgrundlage für die Gewinnspanne jedes Verkaufs:

Wird mit der folgenden Formel berechnet:

BI= (PV-PC)/1,21 , wo:

BI= Bemessungsgrundlage

PV= Verkaufspreis, einschließlich Mehrwertsteuer

PC= Kaufpreis, einschließlich Mehrwertsteuer, bei Anwendung.

Zum Beispiel:

Wir kaufen eine Ware für 10 und verkaufen sie für 20:

Bemessungsgrundlage: (20 x 1,21 – 10 x 1,21)/1,21 = (12,1)/1.21 = 10

2.) Berechnung der Bemessungsgrundlage für die gesamte Gewinnspanne einer Abrechnungsperiode

Diese Vorgehensweise ist verpflichtend für den Verkauf von Büchern, Schallplatten, Aufnahmen und Briefmarken. Der Rest der Händler, die diese Methode anwenden möchten, müssen sie durch eine Erklärung beim Steuerregister des Finanzamts beantragen, und zwar während des Monats Dezember vor dem Jahr, in dem diese Methode angewendet werden soll.

Die Berechnung erfolgt auf Grundlage der gleichen Formel wie im ersten Fall, mit dem Unterschied, dass die Formel auf die Gesamtsumme aller Käufe und Verkäufe des Abrechnungszeitraums der Mehrwertsteuer (im Normalfall vierteljährlich oder monatlich) ausgeweitet wird.

Wenn man sich für diese Berechnungsmethode entscheidet, müssen außerdem die neuen Lagerbestände jährlich ordentlich ermittelt werden, und zwar auf die Weise, dass wenn der Unterschied der Lagerbestände zum Vorjahr positiv ist, mehr Verkäufe, und wenn der Unterschied der Lagerbestände zum Vorjahr negativ ist, mehr Käufe gemeldet werden müssen (wodurch die Gewinnspanne sinkt).

Wichtige Besonderheiten zu den Sonderregelungen für Gebrauchtwaren

- Um diese spezielle Methode zur Umsatzsteuer anzuwenden, dürfen die Gebrauchtwaren nicht gekauft, dann im Rahmen der Geschäftstätigkeit verwendet und am Ende weiterverkauft werden (wenn ich beispielsweise einen Gebrauchtwagen kaufe und ihn für meine Fortbewegung nutze, kann ich die Sonderregelungen auf den Verkauf dieses Fahrzeugs nicht mehr anwenden)

- Die Rechnungen, die für den Verkauf erstellt werden, dürfen die auf den Preis aufgeschlagene Mehrwertsteuer nicht getrennt aufführen, da diese als im Gesamtpreis des Geschäfts mit inbegriffen angesehen wird. Im Gegenteil, in den Verkaufsdokumenten muss aufgeführt werden, dass dieser Verkauf gemäß den Sonderregelungen erfolgt.

- Für jede Anschaffung muss ein Kaufdokument erstellt werden, dass für den späteren Weiterverkauf notwendig ist.

- Suchen sie Hilfe von einem erfahrenen Steuerberater. Abgesehen von dem normalen Registerbuch zu Umsatzsteuerrechnungen, müssen die Unternehmer, die ihre Geschäfte gemäß der REBU tätigen, ein zweites Buch führen, indem die Kaufs- und Verkaufstätigkeiten aufgeführt werden. Je nachdem, ob als Bemessungsgrundlage die gesamte Gewinnspanne eines Abrechnungszeitraums oder die Gewinnspanne jedes einzelnen Verkaufs verwendet wird, handelt es sich hierbei um zwei verschiedene Bücher.
- Die letzte Besonderheit und vielleicht die wirtschaftlich gesehen wichtigste: Die Verkäufe an andere Unternehmer gemäß diesen Sonderregelungen erlauben diesen unternehmerischen Käufern keine Absetzung der Mehrwertsteuer.

Regelung zur Objektiven Festlegung der Besteuerung (Módulos)

Während die anderen beiden vorgestellten Systeme nur zur Mehrwertsteuer gelten, kann dieses System sowohl als die Einkommenssteuer (Estimación Objetiva) als auch auf die Umsatzsteuerregelung (Régimen Simplificado) angewendet werden. Es gibt eine Liste in welcher man genau nachschauen kann, welche Tätigkeit das betrifft. Die Liste wird am Ende des Kapitels abgebildet.

1. Wer muss seine Steuern auf Grundlage der Module oder objektiven Steuerfestlegung zahlen?

Im Gesetz 7/2012 vom 29. Oktober 2012 zur Bekämpfung des Steuerbetrugs wurden die Anforderungen für Personen, die ihre Steuern gemäß diesen Modulen zahlen können, erneuert. Diese Änderungen bestehen auch noch im Jahr 2015, werden aber mit der Steuerreform 2016 strenger ausfallen.

Die Anforderungen sind im Einzelnen:

- selbstständig Erwerbstätiger sein, dessen Geschäftstätigkeit in der Ministerialverordnung aufgeführt ist, die diese Methode regelt (genauere Details hierzu im nächsten Abschnitt dieses Artikels).

- die in dieser Verordnung festgelegte Obergrenze für jede Tätigkeit nicht überschreiten:
- Die Einnahmen dürfen nicht mehr als 450.000 Euro jährlich betragen oder 300.000 im Fall von land- oder viehwirtschaftlichen Tätigkeiten und des Bereichs 7 der Gewerbesteuer (Transport und Kommunikation). 2016 und 2017 beginnt eine Übergangsphase (eingeschlossen im allgemeinen Staatshaushalt von 2016), in der diese Obergrenze zunächst auf 250.000 Euro und schließlich ab 2018, wenn die Steuerreform in Kraft tritt, auf eine Obergrenze von 150.000 Euro jährlich und auf 200.000 im Fall von land-, vieh- und forstwirtschaftlichen Tätigkeiten reduziert wird.
- Rechnungsstellung an Unternehmen und Geschäftskunden: Seit dem 1. Januar 2013 können selbstständig Erwerbstätige, die dazu verpflichtet sind, Kunden eine Rechnung auszu-

stellen, die selbst Unternehmen oder Geschäftskunden sind, nicht ihre Steuern gemäß diesen Modulen bezahlen, wenn die Erträge im Vorjahr die Summe von 225.000 Euro jährlich oder 50.000 Euro jährlich überschritten haben, und zwar dann, wenn mehr als 50 % der Einnahmen von Unternehmen gezahlt wurden und aus diesem Grund Abzüge angewendet werden müssen. 2016 wird die Obergrenze von 225.000 Euro übergangsweise auf 125.000 Euro reduziert und dann anschließend im Jahr 2018, wenn die neue Obergrenze in Kraft tritt, gemäß den Bestimmungen der Steuerreform, auf 75.000 gesenkt.

- Das Einkaufsvolumen, Investitionen ausgeschlossen, darf die Summe von 300.000 Euro nicht überschreiten. 2016 und 2017 beginnt eine Übergangsphase, in der diese Obergrenze zunächst auf 250.000 Euro und schließlich ab 2018, wenn die Steuerreform in Kraft tritt, auf eine Obergrenze von 150.000 Euro jährlich reduziert wird. In dem Fall, dass Arbeiten oder Dienstleistungen ausgelagert werden, muss der hierfür aufgewandte Betrag bei der Berechnung dieses Grenzwertes auch beachtet werden.

- Selbstständig Erwerbstätige, die eine Art Quellensteuer (Retenciones) von 1 % auf ihren Rechnungen aufführen, auch wenn ab dem 1. Januar 2016 diese Tätigkeiten vom System der objektiven Ermittlung ausgeschlossen werden.
- Nicht auf die vereinfachte Ermittlung der Mehrwertsteuer oder auf die spezielle Ermittlung im Bereich Landwirtschaft verzichtet haben oder von dieser ausgeschlossen wurden.
- Keine anderen Tätigkeiten ausführen, für die sie in Form der direkten Steuerermittlung ihre Steuern bezahlen.

Ob die Steuerbeiträge nach den Modulen bezahlt werden, hängt davon ab, wie man sich beim Finanzamt anmeldet (Formular 037 oder Formular 036), deshalb ist es immer wichtig, eine gute Beratung zu haben.

2. Aktivitäten, die unter die Modulverordnung fallen

Land- und Viehwirtschaft: Der Großteil der Tätigkeiten in der Land- und Viehwirtschaft. Seit 2015 gilt ein Grenzwert von 200.000 und 150.000 Euro, ohne das endgültige Ziel der Rechnung zu beachten. Hier gilt ein spezielles Berechnungssystem, das nicht im Modulprogramm des Finanzamts eingeschlossen ist.

Fischerei: Miesmuschelproduktion an Flößen.

Einzelhandel: alle Bereiche, eingeschlossen Zeitungskioske, Fahrradwerkstätten und andere Reparaturwerkstätten.

Hotellerie: Restaurants, Cafés, Bars, Eisdielen, Hostels, Pensionen und Gasthöfe.

Transport: von Reisenden und Gütern und im Taxi. Straßengüterverkehr und Umzugsservice, Höchstzahl der Fahrzeuge wurde 2016 von 5 auf 4 gesenkt, an jedem Tag des Jahres.

Andere Dienstleistungen: Friseursalon, Schönheitssalon, Fahrschulen, Umzugsfirmen, Reinigungen und Copy-Shops.

Baugewerbe: Maurer, Tischler, Schlosser, Klempner oder Maler. Jedoch sind alle Tätigkeiten, bei denen eine Quellensteuer von 1 % einbehalten wird (Abschnitt 5 der Gewerbesteuer) von dem Modulsystem seit Januar 2016 ausgeschlossen.

Industrie: Metallbau, Schneiderei, Herstellung von Holzmöbeln, Brot, Backwaren und ausgebackener Teig. Viele dieser Tätigkeiten (Abschnitt 3 und 4 der Gewerbesteuer) sind seit 2016 von dem Modulsystem ausgeschlossen, mit Ausnahme der Tätigkeiten, die in Verbindung mit der Herstellung von Brot, Backwaren und ausgebackenem Teig stehen.

Die im Jahr 2015 gültige Bestimmung ist die Verordnung HAP/2430/2015 vom 18. November, auf deren Grundlage die objektive Ermittlungsmethode für die Einkommensteuer für das Jahr 2016 und die vereinfachten Sonderregelungen für die Umsatzsteuer festgelegt wurden.

Selbstständig Erwerbstätige, die gemäß dem Modulsystem dazu verpflichtet sind, eine

Quellensteuer einzubehalten, werden im Artikel 95 der Regelung zur Einkommenssteuer zusammengefasst und sind normalerweise diejenigen, die im Bereich des Metallbaus, des Baugewerbes, der Schneiderei, der Möbelproduktion und in der Druckerei tätig sind, obwohl all jene Tätigkeiten, bei denen eine Quellensteuer von 1 % einbehalten wird, ab Januar 2016 nach der Steuerreform ausgeschlossen werden.

3. Neue Einschränkungen der Steuerreform

Im Jahr 2014 hat die Regierung der Steuerreform zugestimmt und somit wichtige Einschränkungen für das aktuelle Modulsystem eingeführt, mit dem Ziel, die Anzahl der Selbstständigen, die ihre Einkommenssteuer auf Grundlage dieses Systems zahlen, drastisch zu senken. Diese Einschränkungen, anfangs vorgesehen für das Jahr 2015, haben sich zunächst bis 2016 verzögert und werden nun schließlich, wie schon erwähnt, nach einer Übergangsphase erst im Jahr 2018 vollständig umgesetzt, mit dem Versuch einen schrittweisen Wandel zu schaffen.

Unter die in der Steuerreform vorgesehenen Einschränkungen fallen all jene:

- deren Einnahmen die Summe von 150.000 Euro jährlich nicht überschreiten
- deren Einkaufsvolumen, Investitionen nicht inbegriffen, die Summe von 150.000 Euro nicht überschreiten.
- Keine Tätigkeiten ausführen, für die eine Quellensteuer von 1 % angewendet wird. Diese werden vom System ausgeschlossen. Dabei handelt es sich beispielsweise um Tätigkeiten im Bereich Produktion und Baugewerbe (Maurer, Klempner, Installateure, Tischler, Schlosser, Maler...).

Es muss darauf hingewiesen werden, dass im Jahr 2016 eine zusätzliche Reform zum Modulsystem eingeführt wird, mit der die Verpflichtung einhergeht, alle Einkünfte und Ausgaben so zu verzeichnen, dass die Verluste und Gewinne der Geschäftstätigkeit bestätigt werden. Das könnte dazu führen, dass viele Selbstständige, die heute unter dem Modulsystem ihre Abgaben leisten, freiwillig zu der direkten Ermittlungsmethode wechseln.

Wie viel bezahlt man pro Modul? Wie werden die Einnahmen der Geschäftstätigkeit ermittelt?

Die Nettoeinnahmen einer Geschäftstätigkeit werden auf Grundlage einiger objektiven Parameter oder vom Finanzamt festgelegter Module bestimmt (Anzahl der Arbeiter, selbstständiges Personal, installierte elektrische Leistung, Größe des Lokals) auf die dann einige sogenannte Minderungskoeffizienten angewandt werden (als Beschäftigungs- und Investitionsanreize) und eine Reihe von Korrekturindexe (Einwohnerzahl der Gemeinde, Dauer des Geschäftsbetriebs (Saison), neue Geschäftstätigkeiten (20 Prozent für das erste und 10 Prozent für das zweite Jahr) und Überschreitung von festgelegten Grenzwerten).

In der neuen objektiven Ermittlungsmethode können auch die Abschreibungen von Immobilien abgesetzt werden. Außerdem finden bei land- und viehwirtschaftlichen Tätigkeiten auch Abzüge von Kosten für den Kauf von Treibstoffen Beachtung. Des Weiteren können auch unvorhergesehene Ausgaben (Brand, Diebstahl) abgesetzt werden, wenn sie ordnungsgemäß gemeldet wurden.

Die Berechnung der Einnahmen basiert auf den Grunddaten, die zum 1. Januar jedes Jahres ermittelt werden. Wenn jemand eine Geschäftstätigkeit beginnt, gelten die Grunddaten, die am ersten Tag der Geschäftstätigkeit Gültigkeit haben.

Module 2016

Auch wenn aufgrund der durch die Wirtschaftskrise geringeren Einnahmen über eine mögliche Reduzierung der Module in bestimmten Geschäftsfeldern spekuliert wurde, werden letztendlich für die Zwecke der Einkommenssteuer für 2016 die gleichen Module beibehalten, wie in den Bestimmungen der Verordnung HAP/2430/2015 vom 12. November festgelegt. Das bedeutet, dass im fünften Jahr in Folge die Anzahl der Module, die Indexe zu den Nettoeinnahmen von land- und viehwirtschaftlichen Tätigkeiten, die Anwendungsweise und die Reduzierung von 5 Prozent der Nettoeinnahmen von Modulen, die vom Mesa del Trabajo Autónomo genehmigt wurden, beibehalten werden.

In Bezug auf die Umsatzsteuer werden 2016 die Module der vereinfachten Regelung zur Umsatzsteuer weiterhin gelten, die im Jahr 2013 zum Zwecke der Angleichung an den allgemeinen Anstieg der Mehrwertsteuer erhöht wurden.

Im Zusammenhang mit der Beibehaltung der Module der Einkommenssteuer und der Umsatzsteuer im Jahr 2016 hat das Finanzamt sich zu einer Stabilisierung in den letzten Jahren entschieden, da die Wirtschaftskrise sich auf viele Geschäftsbereiche ausgewirkt hat, die ihre Abgaben durch dieses Modulsystem leisten. Ebenso wird, wie in den Vorjahren, weiterhin die Reduzierung des Nettoeinkommens um 5 Prozent für einige Module gelten, die der Mesa del Trabajo Autónomo in seinen Verhandlungen erreichen konnte.

5. Wie wird die Höhe der Ratenzahlung ermittelt?

Im Normalfall handelt es sich dabei um 4 % der anwendbaren Nettoeinnahmen, 3 % für selbstständige Unternehmen mit einem Angestellten und 2 %, wenn man keine Angestellten hat oder im landwirtschaftlichen Bereich tätig ist.

Für die Besteuerung durch Module muss man das Formular 131 und 303 des Finanzamts bis zum 20. Tag der Monate April, Juli, Oktober und bis zum 31. Januar vorlegen. Zudem muss die jährliche Einkommenssteuererklärung mit dem Formular D-100 vom 2. Mai bis zum 30. Juni des Folgejahres eingereicht werden.

Außerdem sind die Selbstständigen, die ihre Steuern auf Grundlage der Module bezahlen, dazu verpflichtet, die vereinfachten Regelungen zur Umsatzsteuer zu befolgen, auf deren Grundlage die vierteljährlichen Umsatzsteuerzahlungen ermittelt werden.

6. Beispiele für Beiträge, die je nach Modul bezahlt werden müssen

Als Orientierungshilfe einige Beispiele der vierteljährlichen Einkommensteuerzahlung abhängig von dem jeweiligen Modul im Jahr 2015 für die folgenden Tätigkeiten

- Maurer
- Klempner
- Schuhladen
- Handel mit Lebensmitteln und Getränken
- Zeitungskiosk auf einer öffentlichen Straße
- Bar, spezielle Kategorie
- Auto-Taxi oder Taxi
- Friseur

Die zu zahlenden Beiträge in den genannten Fällen sind Folgende:

Maurer (Kategorie 501.3) mit einem Vollzeitangestellten und einem Lieferwagen mit einem Ladegewicht von 500 kg und 4 CV (Caballo Fiscal: Kennzahl zur Festlegung der Kraftfahrzeugsteuer in Spanien) steuerlicher Potenz in einer Gemeinde mit mehr als 10.000 Einwohner: 629,04 € vierteljährlich. Im ersten Jahr der Geschäftstätigkeiten reduziert 503,23 €. Die zusätzlich vierteljährlich zu zahlende Umsatzsteuer beträgt 113.72 Euro.

Klempner (Kategorie 504.2) mit einem Vollzeitangestellten und einem Lieferwagen mit einem Ladegewicht von 500 kg und 4 CV steuerlicher Potenz in einer Gemeinde mit mehr als 10.000 Einwohner: 864,38 € vierteljährlich. Im ersten Jahr der Geschäftstätigkeiten 691,05€. Die zusätzliche vierteljährlich zu zahlende Umsatzsteuer beträgt 382,49 Euro.

Schuhladen (Kategorie 651.6) geführt von einem selbstständigen Händler mit zwei Vollzeitangestellten, einem Ladenlokal mit einer Fläche von 80 m2 und einem monatlichen Verbrauch an elektrischer Energie von 600 kw/h, in einer Gemeinde mit mehr als 10.000 Einwohnern: 953,58 € vierteljährlich (80 % im ersten Jahr).

Handel mit Lebensmitteln und Getränken (Kategorie 647.1) geführt von einem selbstständigen Händler mit einem Vollzeitangestellten, einem Ladenlokal mit einer Fläche von 50 m2 und einem getrennten Lager mit einer Fläche von 20 m2 und einem monatlichen Verbrauch an elektrischer Energie von 600 kw/h, in einer Gemeinde mit mehr als 10.000 Einwohnern: 416,39 € vierteljährlich (80 % im ersten Jahr).

Zeitungskiosk auf einer öffentlichen Straße (Kategorie 659.4) in einer Gemeinde mit mehr als 100.000 Einwohnern, die nicht Madrid oder Barcelona ist, geführt von einem selbstständigen Händler ohne Personal, einem Ladenlokal mit einer Fläche von 8 m2 und mit einem monatlichen Verbrauch an elektrischer Energie von 150 kw/h: 450,94 € vierteljährlich (80 % im ersten Jahr).

Bar spezielle Kategorie (Kategorie 673.1) geführt von einem Selbstständigen mit 2 Teilzeitangestellten, einem Ladenlokal mit 8 Tischen für jeweils 4 Personen, einer Theke mit einer Länge von 7 Metern, 10 kw installierte elektrische Leistung und zwei Spielmaschinen, eine des Typs A (Unterhaltung) und die andere des Typs B (mit Gewinnen) in einer Gemeinde mit mehr als 5.000 Einwohner: 1.169,30 € vierteljährlich (80 % im ersten Jahr).

Auto-Taxi (Kategorie 721.2) geführt von einem Selbstständigen mit einem Vollzeitangestellten, um in zwei Schichten zu arbeiten, in einer Gemeinde mit mehr als 100.000 Einwohnern und 50.000 km Fahrtstrecke pro Jahr: 316,99 € vierteljährlich (80 % im ersten Jahr).

Friseursalon (Kategorie 972.1) geführt von einem selbstständigen Kaufmann mit 2 Vollzeitangestellten, einer von ihnen ein Auszubildender, einem Ladenlokal mit einer

Fläche von 60 m2 und einem monatlichen Energieverbrauch von 600 kw/h, in einer Gemeinde mit mehr als 5.000 Einwohnern: 914,75 € vierteljährlich (80 % im ersten Jahr).

7. Wie und warum wird auf die Module verzichtet?

Wenn die durch das Modulsystem objektiv ermittelten Einkünfte höher sind als die tatsächlichen Einkünfte des Geschäfts, ist es ratsam, auf diese Besteuerungsmethode zu verzichten und die Abgaben unter der direkten Steuerermittlung zu zahlen.

Zu diesem Zweck müssen die Formulare 036 oder 037 entsprechend der Steuererklärung vorgelegt werden, entweder zu Beginn der Geschäftstätigkeit oder im Monat Dezember im Fall der bereits arbeitenden Selbstständigen. Seit 2013 wird aufgrund der Änderungen im Modulsystem auch der stillschweigende Wechsel akzeptiert, in dem man frist- und formgerecht die vierteljährliche Erklärung im ersten Quartal einreicht. Trotzdem ist es besser, um ganz sicher zu sein, den Wechsel im Dezember zu beantragen.

Der Verzicht gilt für mindestens 3 Tage und wird als automatisch verlängert betrachtet, wenn kein Widerspruch eingelegt wird.

8. Welche Bücher müssen bei dieser Methode geführt werden?

Es ist nicht notwendig, Bücher zu den Einnahmen und Ausgaben zu führen, jedoch ist man dazu verpflichtet, geordnet alle ausgestellten und empfangenen Rechnungen und die Belege für die angewandten Module aufzubewahren.

Wenn Abschreibungen abgesetzt werden, ist es notwendig, ein Registerbuch zu allen Investitionsgütern zu führen.

Das Registerbuch für Verkäufe und Einnahmen ist nur dann notwendig, wenn die Nettoeinnahmen einer Geschäftstätigkeit auf Grundlage des Geschäftsvolumens ermittelt werden, wie es bei land- und viehwirtschaftlichen Tätigkeiten der Fall ist.

9. Antibetrugsmaßnahmen gegen die sogenannten „Moduleros“

Im Oktober 2012 hat die Regierung einer Reihe von Maßnahmen zugestimmt, die bei der Bekämpfung des Steuerbetrugs helfen sollen, dazu zählt die Reform der Regelungen zur objektiven Einkommenssteuerermittlung (Module), deren Ziel es ist, eine gängige Vorgehensweise, die der sogenannten „Moduleros“, zu beenden. Bei dieser Methode stellen Selbstständige, die diesem Steuersystem unterliegen, falsche Rechnungen für nicht geleistete Dienstleistungen oder nicht gelieferte Produkte an Unternehmen aus und können somit vom Abzug von Ausgaben profitieren, die gar nicht geleistet wurden.

Dabei handelt es sich um kontrovers diskutierte Maßnahmen, die die folgenden Auswirkungen hatten:

Transportsektor (Bereich 7 des ersten Abschnitts zur Gewerbesteuer): können nicht weiter auf Grundlage des Modulsystems arbeiten, wenn sie einen Umsatz von mehr als 300.000 € jährlich haben.

Selbstständige, die auf Grundlage des Modulsystems ihre Steuer bezahlen und eine Quellensteuer einbehalten: können nicht weiter unter diesem System ihre Steuer bezahlen, wenn sie im Vorjahr einen Umsatz von 225.000 €/jährlich allgemeiner Art oder

50.000 €/jährlich erzielt haben und zwar immer dann, wenn diese Einnahmen von anderen Unternehmen stammen und aus diesem Grund der Quellensteuer unterliegen.

Es wird geschätzt, dass diese Maßnahmen etwa 150.000 Selbstständige von den ca. 700.000 Personen betreffen, die nach dem Modulsystem ihre Abgaben bezahlen, konkret handelt es sich dabei um Tätigkeiten im Zusammenhang mit dem Baugewerbe und der Instandhaltung (Maurer, Tischler, Schlosser und Klempner), aber auch um Tätigkeiten in der Möbelproduktion oder im Transportwesen.

Liste der Aktivitäten im Módulos- Einkommens- und Mehrwertsteuer

Nachfolgend eine Liste (Quelle Finanzamt) in welcher der Módulos in der Einkommenssteuer (siehe Aktivitäten Punkt 2) und zusätzlich in der Umsatzsteuer angewendet werden kann.

IAE	ACTIVIDAD ECONÓMICA	HASTA 2015	DESDE 2016
División 0	Ganadería independiente.	sí	sí
-	Servicios de cría, guarda y engorde de ganado.	sí	sí
-	Otros trabajos, servicios y actividades accesorios realizados por agricultores o ganaderos que estén excluidos o no incluidos en el régimen especial de la agricultura, ganadería y pesca del Impuesto sobre el Valor Añadido.	sí	sí
-	Otros trabajos, servicios y actividades accesorios realizados por titulares de actividades forestales que estén excluidos o no incluidos en el régimen especial de la agricultura, ganadería y pesca del Impuesto sobre el Valor Añadido.	sí	sí
-	Aprovechamientos que correspondan al cedente en las actividades agrícolas desarrolladas en régimen de aparcería.	sí	sí
-	Aprovechamientos que correspondan al cedente en las actividades forestales desarrolladas en régimen de aparcería.	sí	sí
314 y 315	Carpintería metálica y fabricación de estructuras metálicas y calderería.	sí	NO
316.2, 3, 4 y 9	Fabricación de artículos de ferretería, cerrajería, tornillería, derivados del alambre, menaje y otros artículos en metales n.c.o.p.	sí	NO
419.1	Industrias del pan y de la bollería.	sí	sí
419.2	Industrias de la bollería, pastelería y galletas.	sí	sí
419.3	Industrias de elaboración de masas fritas.	sí	sí
423.9	Elaboración de patatas fritas, palomitas de maíz y similares.	sí	sí
453	Confección en serie de prendas de vestir y sus complementos, excepto cuando su ejecución se realice mayoritariamente por encargo a terceros.	sí	NO

IAE	ACTIVIDAD ECONÓMICA	HASTA 2015	DESDE 2016
453	Confección en serie de prendas de vestir y sus complementos, ejecutada directamente por la propia empresa, cuando se realice exclusivamente para terceros y por encargo.	SÍ	NO
463	Fabricación en serie de piezas de carpintería, parqué y estructuras de madera para la construcción.	SÍ	NO
468	Industria del mueble de madera.	SÍ	NO
474.1	Impresión de textos o imágenes.	SÍ	NO
501.3	Albañilería y pequeños trabajos de construcción en general.	SÍ	NO
504.1	Instalaciones y montajes (excepto fontanería, frío, calor y acondicionamiento de aire).	SÍ	NO
504.2 y 3	Instalaciones de fontanería, frío, calor y acondicionamiento de aire.	SÍ	NO
504.4, 5, 6, 7 y 8	Instalación de pararrayos y similares. Montaje e instalación de cocinas de todo tipo y clase, con todos sus accesorios. Montaje e instalación de aparatos elevadores de cualquier clase y tipo. Instalaciones telefónicas, telegráficas, telegráficas sin hilos y de televisión, en edificios y construcciones de cualquier clase. Montajes metálicos e instalaciones industriales completas, sin vender ni aportar la maquinaria ni los elementos objeto de la instalación o montaje.	SÍ	NO
505.1, 2, 3 y 4	Revestimientos, solados y pavimentos y colocación de aislamientos.	SÍ	NO
505.5	Carpintería y cerrajería.	SÍ	NO
505.6	Pintura de cualquier tipo y clase y revestimiento con papel, tejidos o plásticos y terminación y decoración de edificios y locales.	SÍ	NO

IAE	ACTIVIDAD ECONÓMICA	HASTA 2015	DESDE 2016
505.7	Trabajos en yeso y escayola y decoración de edificios y locales.	SÍ	NO
642.1, 2 y 3	Elaboración de productos de charcutería por minoristas de carne.	SÍ	SÍ
642.5	Comerciantes minoristas matriculados en el epígrafe 642.5 por el asado de pollos.	SÍ	SÍ
644.1	Comercio al por menor de pan, pastelería, confitería y similares y de leche y productos lácteos.	SÍ	SÍ
644.2	Despachos de pan, panes especiales y bollería.	SÍ	SÍ
644.3	Comercio al por menor de productos de pastelería, bollería y confitería.	SÍ	SÍ
644.6	Comercio al por menor de masas fritas, con o sin coberturas o rellenos, patatas fritas, productos de aperitivo, frutos secos, golosinas, preparados de chocolate y bebidas refrescantes.	SÍ	SÍ
647.1	Comerciantes minoristas matriculados en el epígrafe 647.1 por el servicio de comercialización de loterías.	SÍ	SÍ
647.2 y 3	Comerciantes minoristas matriculados en el epígrafe 647.2 y 3 por el servicio de comercialización de loterías.	SÍ	SÍ
652.2 y 3	Comerciantes minoristas matriculados en el epígrafe 652.2 y 3 por el servicio de comercialización de loterías.	SÍ	SÍ
653.2	Comercio al por menor de material y aparatos eléctricos, electrónicos, electrodomésticos y otros aparatos de uso doméstico accionados por otro tipo de energía distinta de la eléctrica, así como muebles de cocina.	SÍ	SÍ
653.4 y 5	Comercio al por menor de materiales de construcción, artículos y mobiliario de saneamiento, puertas, ventanas, persianas, etc.	SÍ	SÍ

IAE	ACTIVIDAD ECONÓMICA	HASTA 2015	DESDE 2016
654.2	Comercio al por menor de accesorios y piezas de recambio para vehículos terrestres.	sí	sí
654.5	Comercio al por menor de toda clase de maquinaria (excepto aparatos del hogar, de oficina, médicos, ortopédicos, ópticos y fotográficos).	sí	sí
654.6	Comercio al por menor de cubiertas, bandas o bandajes y cámaras de aire para toda clase de vehículos, excepto las actividades de comercio al por mayor de los artículos citados.	sí	sí
659.3	Comerciantes minoristas matriculados en el epígrafe 659.3 por el servicio de recogida de negativos y otro material fotográfico impresionado para su procesado en laboratorio de terceros y la entrega de las correspondientes copias y ampliaciones.	sí	sí
659.4	Comerciantes minoristas matriculados en el epígrafe 659.4 por el servicio de publicidad exterior y comercialización de tarjetas de transporte público, tarjetas de uso telefónico y otras similares, así como loterías.	sí	sí
662.2	Comerciantes minoristas matriculados en el epígrafe 662.2 por el servicio de comercialización de loterías.	sí	sí
663.1	Comercio al por menor fuera de un establecimiento comercial permanente dedicado exclusivamente a la comercialización de masas fritas, con o sin coberturas o rellenos, patatas fritas, productos de aperitivo, frutos secos, golosinas, preparación de chocolate y bebidas refrescantes y facultado para la elaboración de los productos propios de churrería y patatas fritas en la propia instalación o vehículo.	sí	sí
671.4	Restaurantes de dos tenedores.	sí	sí
671.5	Restaurantes de un tenedor.	sí	sí
672.1, 2 y 3	Cafeterías.	sí	sí
673.1	Cafés y bares de categoría especial.	sí	sí

IAE	ACTIVIDAD ECONÓMICA	HASTA 2015	DESDE 2016
673.2	Otros cafés y bares.	sí	sí
675	Servicios en quioscos, cajones, barracas u otros locales análogos.	sí	sí
676	Servicios en chocolaterías, heladerías y horchaterías.	sí	sí
681	Servicio de hospedaje en hoteles y moteles de una o dos estrellas.	sí	sí
682	Servicio de hospedaje en hostales y pensiones.	sí	sí
683	Servicio de hospedaje en fondas y casas de huéspedes.	sí	sí
691.1	Reparación de artículos eléctricos para el hogar.	sí	sí
691.2	Reparación de vehículos automóviles, bicicletas y otros vehículos.	sí	sí
691.9	Reparación de calzado.	sí	sí
691.9	Reparación de otros bienes de consumo n.c.o.p. (excepto reparación de calzado, restauración de obras de arte, muebles, antigüedades e instrumentos musicales).	sí	sí
692	Reparación de maquinaria industrial.	sí	sí
699	Otras reparaciones n.c.o.p.	sí	sí
721.1 y 3	Transporte urbano colectivo y de viajeros por carretera.	sí	sí
721.2	Transporte por autotaxis.	sí	sí
722	Transporte de mercancías por carretera.	sí	sí
751.5	Engrase y lavado de vehículos.	sí	sí

IAE	ACTIVIDAD ECONÓMICA	HASTA 2015	DESDE 2016
757	Servicios de mudanzas.	sí	sí
849.5	Transporte de mensajería y recadería, cuando la actividad se realice exclusivamente con medios de transporte propios.	sí	sí
933.1	Enseñanza de conducción de vehículos terrestres, acuáticos, aeronáuticos, etc.	sí	sí
933.9	Otras actividades de enseñanza, tales como idiomas, corte y confección, mecanografía, taquigrafía, preparación de exámenes y oposiciones y similares n.c.o.p.	sí	sí
967.2	Escuelas y servicios de perfeccionamiento del deporte.	sí	sí
971.1	Tinte, limpieza en seco, lavado y planchado de ropas hechas y de prendas y artículos del hogar usados.	sí	sí
972.1	Servicios de peluquería de señora y caballero.	sí	sí
972.2	Salones e institutos de belleza.	sí	sí
973.3	Servicios de copias de documentos con máquinas fotocopiadoras.	sí	sí

Weitere interessante Tipps gibt es auf der Finanzamt Seite ter: http://www.agenciatributaria.es/AEAT.internet/Inicio/La_Agencia_Tributaria/Campanas/Modulos/Modulos.shtml

Die Anmeldung beim Finanzamt

Kommen wir in diesem Abschnitt wieder einmal zu einem praktischen Beispiel, der Anmeldung beim spanischen Finanzamt. Nachdem wir diese durchgeführt haben, müssen wir einen Tag später die Anmeldung bei der Sozialversicherung vornehmen. Einen Tag, weil das FA die Daten nach 24 Stunden, faktisch über Nacht, an die Sozialversicherung übermittelt und sonst bei der Anmeldung eine Fehlermeldung entstehen würde.

Folgende Unterlagen sollten wir vorbereitet haben: das Software Zertifikat sollte installiert sein, außerdem N.I.E.-Nummer, IAE Code, Privat- und Geschäftsadresse - und wir sollten wissen in welches Steuersystem wir fallen. In unserem Beispiel gehen wir von der ganz normalen Besteuerung aus (Régimen General).

Sie gehen auf die Hauptseite des Finanzamtes:
https://www.agenciatributaria.gob.es/AEAT.sede/Inicio/Inicio.shtml

Dort rufen sie unter dem Menü Punkt Todos los trámites, den Punkt Censos, NIF y domicilio fiscal auf

Todos los trámites

- Impuestos y tasas
- Aduanas
- Censos, NIF y domicilio fiscal
- Certificaciones
- Recaudación
- Beneficios fiscales y autorizaciones

Im folgenden Menü den Bereich Censos auswählen:

Censos, NIF y domicilio fiscal

- Censos
- NIF y domicilio fiscal
- Censo de Impuestos Especiales

Dort angekommen den Punkt Modelos 036 y 037 auswählen:

Procedimiento

Modelo 030. Censo de obligados tributarios-Declaración censal de alta, cambio de domicilio y/o de variación de datos personales.

Modelos 036 y 037. Censo de empresarios, profesionales y retenedores - Declaración censal de alta, modificación y baja y declaración censal simplificada

Es erscheint diese Seite, dort wählen sie den vorletzten Punkt unter Presentaciones-Cumplimentación , validación y obtención en PDF para su impresión 037

Zu Erläuterung, es gibt zwei Modelos zur Anmeldung, das Modelo 037 ist vereinfacht. Das Modelo 036 ausführlicher und eher geeignet für Gesellschaften.

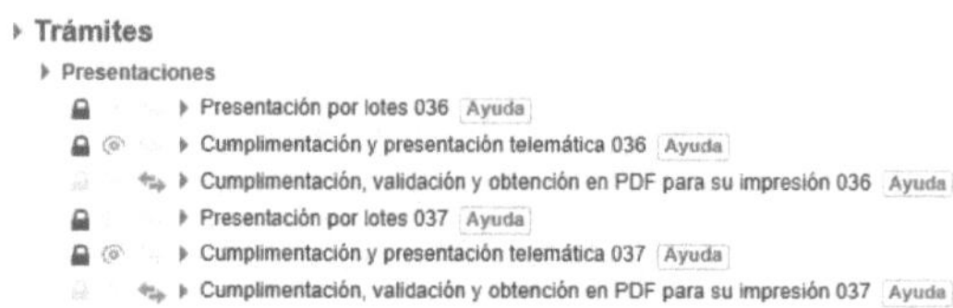

Wenn man kein Zertifikat hat kann man sogar den unteren Punkt auswählen und es als PDF Formular ausfüllen und es persönlich beim Finanzamt präsentieren. In unserem Beispiel gehen wir aber immer von der Existenz des Softwarezertifikates aus (Firma Digital).

Wenn sie diesen Punkt ausgewählt haben, greift der Browser auf ihr Zertifikat zu und sie bestätigen das durch Mausklick.

Es erscheint dieses Formular:

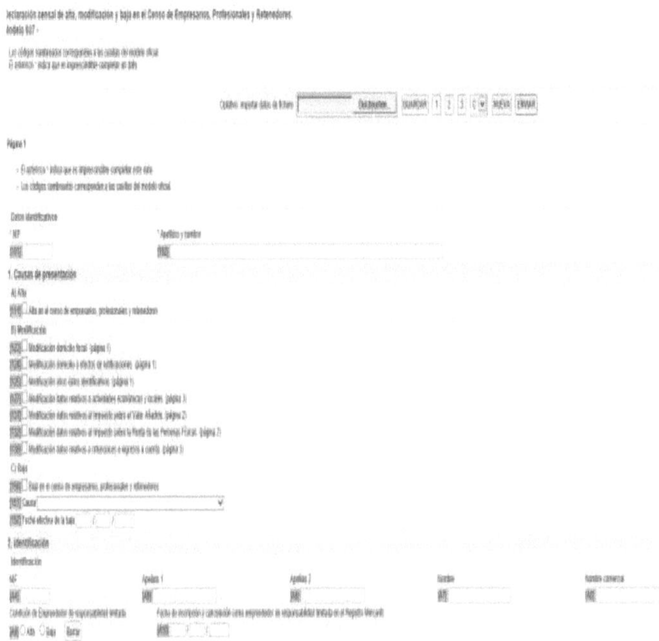

Unter Datos identificativos Feld 101 geben sie ihre N.I.E.-Nummer ein, ohne Bindestriche. Feld 102 Nachname und Vorname. Achten sie darauf das sie sich so schreiben, wie auf ihren Steueretiketten. Denn wenn das FA sie einmal falsch abgespeichert hat, müssen sie das so wiederholen oder persönlich klarstellen.

Kommen wir zum nächsten Punkt, Causa de presentacion, dort klicken sie unter A das Feld 111 an. Das bedeutet, dass es sich um eine Gewerbeanmeldung handelt.

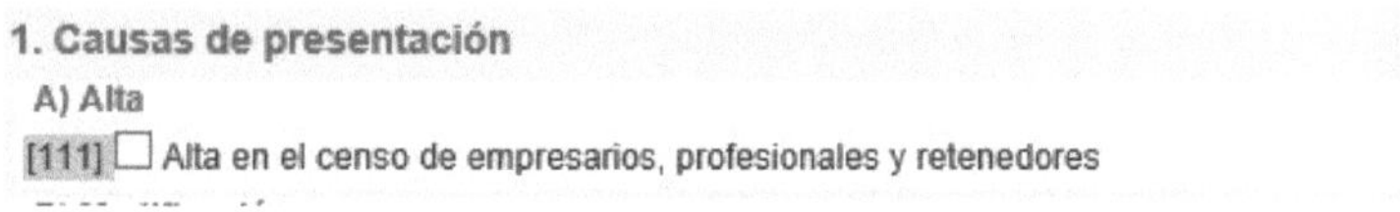
1. Causas de presentación
A) Alta
[111] ☐ Alta en el censo de empresarios, profesionales y retenedores

Unter dem Punkt 2. Identificación tragen sie wieder im Feld A4 die N.I.E.-Nummer ein, Feld A5 Nachnamen und A7 den Vornamen ein.

Unter Domicilio fiscal en España- ihre persönlich spanische Anschrift wie folgt:

Feld A11 Straßenauswahl, A12 Straßenname, A13 Auswahlfenster, A14 Hausnummer, A15-A21 sind weitere Adressdaten die sie eventuell benötigen.

A25 Provinz auswählen, A23 PLZ eingeben, A24 Ort (meistens erscheint schon eine Auswahl nachdem man die PLZ eingegeben hat). Wenn sie Eigentum haben, können sie im Feld A30 die Katasternummer ihrer Immobilie eintragen.

Den nächsten Punkt (Domicilio a efectos de notificaciones…) nur ausfüllen, wenn sie möchten das die Post woanders hingehen soll, ansonsten können sie das freilassen.

Domicilio fiscal en España

Tipo de vía [A11] | Nombre de la vía pública [A12] | Tipo Núme... [A13]

Bloque [A16] | Portal [A17] | Escalera [A18]

Complemento domicilio (ejemplo: Urb. , Pol. industr. , C. Comercial ...) [A21]

e-mail [A28] | Provincia [A25] | Código Po... [A23]

Teléfono Fijo [A26] | Teléfono Móvil [A27] | Número de... [A28]

Referencia catastral [A30] Puede consultar su referencia catastral en http://www.sedecatastro.gob.es o llamando al teléfono 902 373635

Domicilio a efectos de notificaciones (si es distinto del fiscal, cumplimente el apartado 1 ó el 2 según estime oportuno)

1)

Tipo de vía [A41] | Nombre de la vía pública [A42] | Tipo Núme... [A43]

Bloque [A46] | Portal [A47] | Escalera [A48]

Complemento domicilio (ejemplo: Urb. , Pol. industr. , C. Comercial ...) [A51]

e-mail [A70] | Provincia [55] | Código Po... [A53]

Teléfono Fijo [A56] | Teléfono Móvil [A57] | Número de... [A58]

Destinatario (si es distinto del declarante) [A59] | En calidad... [A60]

2)

Apartado de correos [A61]

Provincia [A64] | Código Postal [A63] | Población... [A62]

Teléfono Fijo [A65] | Teléfono Móvil [A66] | Número de... [A67]

Destinatario (si es distinto del declarante) [A68] | En calidad... [A69]

Ganz unter müssen sie den Ort unter Lugar, das Datum unter Fecha, das Auswahlfeld Firma en calidad de –hier interesdado auswählen, und im letzten Feld Firmado geben sie ihren Namen ein.

Lugar, fecha y firma

*Lugar | Fecha

*Firma en calidad de | *Firmado: D/D.ª:

Erst wenn sie das ausgefüllt haben können sie jetzt weiter im Formular gehen.

Ganz oben klicken sie auf die Zahl 2 – jetzt befinden sie sich auf der zweiten Seite, hier werden wichtige Angaben zur Besteuerung gemacht.

Punkt 3 im Feld 600: Obligación de realizar pagos fraccionados a cuenta del I.R.P.F. derivados del desarrollo de actividades económicas propias fragt ob sie verpflichtet sind regelmäßig eine Steuererklärung zu machen, das ist den meisten Fällen so, Ausnahmen sind Personen aus Berufsgruppen, welche ausschließlich an andere Firmen mit Retencionen-Einkommenssteuerabzug fakturieren.

Im Feld alta aktivieren sie diese Auswahl und links bei Fecha kommt das Datum mit Aufnahme der Tätigkeit. Ich empfehle immer den ersten eines Monats zu nehmen.

Dann müssen sie noch entscheiden unter welche Besteuerung die Tätigkeit in der Einkommenssteuer fällt. Gehen wir in unserem Beispiel mal von einer ganz normalen Versteuerung aus, dann kreuzen sie unter Estimacion directa simplificada Feld 609 an- das ist die normale Einkommenssteuererklärung, sie machen das Kreuz im Feld Inclusión. Dann rechts wieder das gleiche Datum wie zuvor.

Dann können sie weiterscrollen bis zu Punkt 4. hier geht es um die Mehrwertsteuer:

Unter A.im Feld 501 würde mit ja beantwortet werden, wenn sie nicht Mehrwertsteuerpflichtig sind. Wenn das aktiviert wird, wird alles andere nicht mehr ausgefüllt. Nicht unter die Mehrwertsteuer fallen z.B. Ärzte und Lehrer.

Alle anderen klicken hier bitte NO.

Teil B beschäftigt sich mit dem Datum der Geschäftsaufnahme. Hier aktivieren sie das Feld 502 für die Aufnahme der Tätigkeit und rechts Feld 503 wieder das Datum.

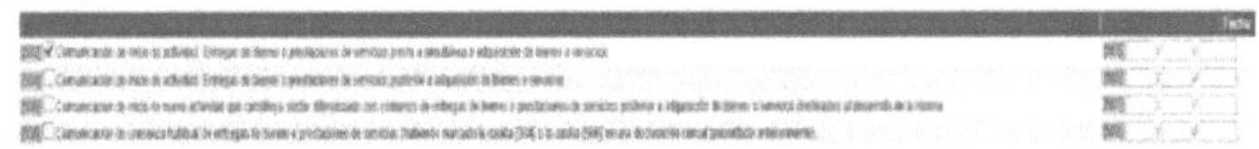

Abschnitt C beschäftigt sich mit der Besteuerung, die verschiedenen haben wir in den vorherigen Kapiteln angesprochen.

Wir gehen wieder von der ganz normalen Regimen General aus. Also aktiviert man Feld 510 unter dem Feld alta (Anmeldung)

Jetzt muss man im Feld 511 den Epigrafen IAE eingeben, welchen wir uns ja vorher für unsere Tätigkeit ausgesucht haben. Aber jetzt kommt eine Eigenheit hinzu, man muss zusätzlich noch den Abschnitt eingeben und zwar die 1 für unternehmerische Tätigkeiten und die 2 für professionelle Berufsgruppen. Bleiben wir mal bei dem Beispiel mit den Umbauarbeiten, dann hatten wir dort den Epigrafen 501.3 und dieser war im Abschnitt 1. Das Feld 511 würde wie folgt ausgefüllt werden: 5013/1. Im Feld 512 kommt wiederum das Datum.

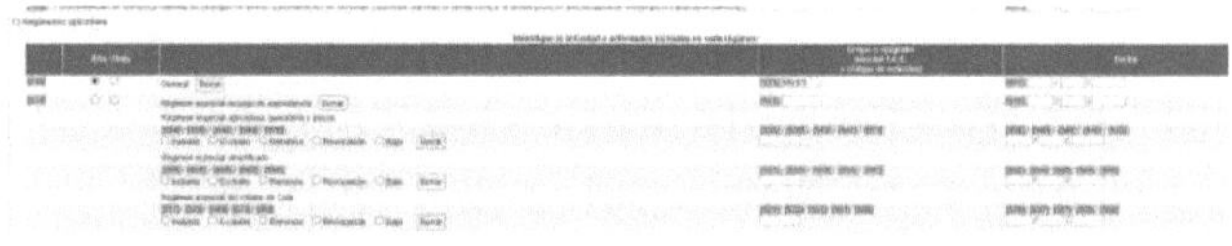

Das war`s auch schon hier. Jetzt können sie wieder nach oben scrollen und gehen auf Seite 3.

Im Punkt 5 geht es um Retencionen- das heißt Abzugssteuer, und damit sind z.B. Lohnsteuern gemeint, oder Mietretencionen.

Also haben sie Angestellte dann aktivieren sie das Feld 700 mit Alta und rechts wieder im Feld 720 das Datum.

Feld 701 würde angekreuzt werden, wenn sie Rechnungen mit Rechnungen mit Retencionsabzug empfangen wie z.B. von Landwirtschaftsbetrieben etc.

Feld 702 wird aktiviert wenn sie ein Lokal gemietet haben, in welchem sie die Tätigkeit ausführen.

Punkt 6 wird jetzt etwas ausführlicher,

unter A Feld 403 wählen sie den Abschnitt, bei unserem Beispiel mit den Umbauten ist das jetzt A03- dann erscheint in 402 eine Auswahl und sie wählen ihren Epigrafen aus. Feld 400- steht automatisch die Bezeichnung.

Unter B. muss man hier zunächst entscheiden, ist die Aktivität in einem Lokal, oder ohne Lokal (z.B. mobile Fußpflegerin).

Der erste Abschnitt: La actividad se desarrolla fuera de un local determinado, bezieht sich darauf das man kein Ladenlokal hat. Hier kreuzt man Feld 405 für die Anmeldung und unter 406 gibt man wieder das Datum ein. Darunter gibt man die Provinz an, in welcher man tätig ist und rechts im Feld 411 wählt man den Ort aus, in welchen man hauptsächlich tätig ist.

Der nächste Abschnitt, La actividad se desarrolla en local determinado (locales directamente afectos a la actividad), bezieht sich auf alle die ein Ladenlokal haben.

Im Feld 412 kommt die Katasternummer des Lokals- in den Felder 413 bis 419 die Adresse. In 422 die Quadratmeter und in 423 die Prozentzahl der Nutzung, nutzt man es alleine kommt dort eine 100 rein.

Feld 424 für die Anmeldung anklicken wieder mit dem Datum, welches sie in 425 eintragen.

Weiter unten können noch weitere Lokale erfasst werden, wie Lager etc.

Das war es auch schon.

Jetzt empfehle ich es unbedingt das Formular zu speichern, sie klicken dazu oben auf GUARDAR

Nachdem die erledigt ist, gehen sie oben rechts auf ENVIAR, jetzt wird wieder ihr Zertifikat abgefragt und wenn sie dies bestätigt haben, kann es sein, je nach Browser, das sie jetzt nochmals auf firmar und weiter klicken müssen. Wenn alles richtig war bekommen sie jetzt ein PDF Dokument mit Ihrer Gewerbeanmeldung.

Diese sollten sie sich in jedem Fall speichern.

Ganz unten finden sie auf jeder Seite einen Code, CSV genannt. Mit diesem Code können sie die Echtheit des Dokumentes überprüfen. Das ist wirklich eine sehr fortschrittliche Sache, denn gerade in Spanien waren viele Betrüger unterwegs und versuchten sich Kredite mit falschen Unterlagen zu erheischen. All das ist jetzt ausgeschlossen, denn jedes Dokument- auch Steuererklärungen- haben diesen Code, den man ganz einfach auf der Webseite des FA nachprüfen kann.

Mitarbeiter

Wenn sie Mitarbeiter einstellen, empfehle ich in jedem Fall den Weg in ein Steuerbüro, denn sie benötigen neben den Arbeitsverträgen auch ein Cuenta de Cotizacion, welches man mittels dem Modelo TA6 bei der Sozialversicherung erledigt. Geht auch online:

https://w2.seg-soci-al.es/Xhtml?JacadaApplicationName=SGIRED&E=S&TRANSACCION=aci01

Nachdem diese Nummer vorhanden ist, kann man Mitarbeiter einstellen und Arbeitsverträge schließen. Die Verträge sind hier vom Arbeitsministerium vorgegeben.

Die verschiedenen Vertragsmodelle findet man auf der Webseite des Arbeitsamtes: https://www.sepe.es/

Man kann lediglich einige Klauseln anfügen.

Jeder Vertrag muss registriert werden beim Arbeitsamt und erhält eine Nummer. Meistens präsentiert man das elektronisch, Sie können natürlich einen Zugang beantragen.

Das geht auf dieser te: http://www.sepe.es/contenidos/OficinaVirtual/info_contrata.html

Wenn sie keinen Steuerberater haben und kein Programm die Arbeitsverträge zu übermitteln, kann man das hier in einer Online Maske erledigen. Wichtig ist es bei Teilzeitkräften die exakten Arbeitszeiten einzutragen. Auch muss bei Teilzeitkräften ein Stundenregister (REGISTRO DE HORAS ORDINARIAS Y COMPLEMENTARIAS DE CONTRATO A TIEMPO PARCIAL) geführt werden.

REGISTRO DE HORAS ORDINARIAS Y COMPLEMENTARIAS DE CONTRATO A TIEMPO PARCIAL

Art. 12.5.h), del Estatuto de los Trabajadores

Trabajador: Mes/año:

		JORNADA ORDINARIA			HORAS COMPLEMENTARIAS			
Fecha	Día sem.	Entrada	Salida	Horas ord.	Entrada	Salida	Horas comp.	Firma diaria
1								
2								
3								
4								
5								
6								
7								
8								
9								
10								
11								
12								
13								
14								
15								
16								
17								
18								
19								
20								
21								
22								
23								
24								
25								
26								
27								
28								
29								
30								
31								
			SUMA			SUMA		

Conforme la Empresa con resumen mensual:	Firma del trabajador conforme con resumen mensual:
Fecha:	Fecha:

Außerdem muss das Centro de trabajo angemeldet werden. Das geht immer bei der Provinzverwaltung, für Alicante ist das die Consellería de la Generalitat Valencia.

http://www.indi.gva.es/web/dg-trabajo/comunicacion-de-apertura-decentros-de-trabajo-o-de-reanudacion-de-actividad

Wenn die Verträge erstellt sind, müssen sie entsprechende Lohnabrechnungen machen, und die Beiträge entsprechend abführen.

Dies ist alle sehr aufwendig und spätestens beim Thema Lohnabrechnungen empfiehlt sich immer der Gang zum Fachmann. Auch nicht zuletzt deswegen, dass man die verschiedenen Vertragsmodelle und Infos über den Kündigungsschutz bekommt.

Ebenfalls müssen sie die Mitarbeiter noch gesondert für Unfallverhütungsmaßnahmen anmelden. Auf spanisch nennt sich das Plan de Prevencion de riesgos laborales y evaluacion de riesgos y planificacion de laActividad preventiva.

Es gibt hier verschiedene Anbieter für diesen Service. Jeder Arbeitgeber ist gesetzlich dazu verpflichtet diesen Plan und die entsprechenden Unterweisungen an die Mitarbeiter vorliegen zu haben. Ebenso findet dann eine ständige Überwachung des Anbieters statt, in der Form, dass Ihre Mitarbeiter jährlich medizinisch auf Arbeitsfähigkeit durchgecheckt werden.

Anmeldung Autónomo bei der Sozialversicherung

Jetzt sind 24 Stunden vergangen, nachdem sie sich online beim Finanzamt mittels dem Modelo 037 angemeldet haben.

Bevor wir beginnen, muss ich sie mit noch einer wichtigen Information konfrontieren. Nämlich dem CNAE Code. Ja es könnte einfach sein, wenn jeder den gleichen Code benutzen würde, aber die Sozialversicherung arbeitet nicht mit dem IAE Code, sondern mit dem CNAE Code. Es gibt im Internet ein wunderschönes Tool, welches den IAE in den CNAE konvertiert.

http://www.iberaval.es/conversor/

Hier wirklich ein großes Dankeschön an die Betreiber dieser Webseite.

Ansonsten hilft natürlich Google- hier sind spanisch Kenntnisse natürlich Voraussetzung. Mögliche Suche wäre.

Außerdem gibt es noch weitere Webseiten über den CNAE
Code: http://www.cnae.com.es/

Analog zum IAE
Code: http://www.iae.com.es/

Ich weiße ausdrücklich darauf hin, dass drei genannten Seiten private Seiten sind, und ich keinerlei Verantwortung für deren Inhalte übernehmen kann.

Nachdem sie nun ihren CNAE Code haben, legen sie sich ihre Anmeldung zurecht und ihre Konto Nummer.

Dann besuchen sie die Seite der Sozialversicherung.

https://sede.seg-social.gob.es

Dort klicken sie auf Empresas

Dann auf den Punkt Afiliación e Inscripcion-

Hier wählen sie den Punkt Alta en RETA

Dann wählen sie den Zugang Certifiacdo Digital – das ist ihr Software Zertifikat, welches jetzt normalerweise (je nach Browser) auch angezeigt wird und bestätigt werden muss.

Es erscheint das erste Fenster, dort steht ihr Name, Ihre Sozialversicherungsnummer, Ihre N.I.E.-Nummer und ihr Geburtsdatum, sie klicken hier einfach nur auf continuar:

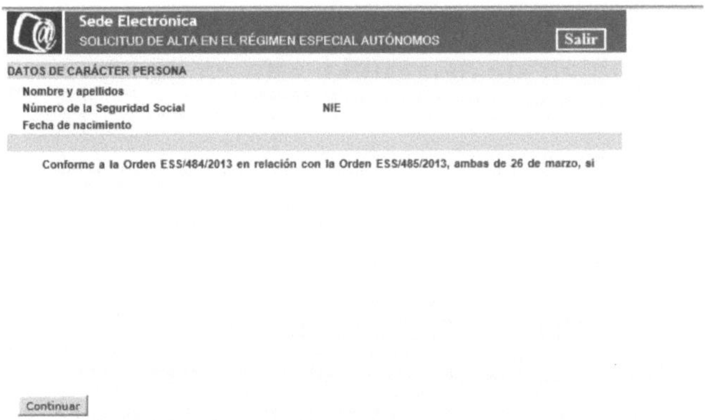

Dann erscheint das zweite Fenster. Für ganz normale Gewerbeanmeldungen markieren sie den Punkt Resto de trabajadores autónomos und klicken continuar:

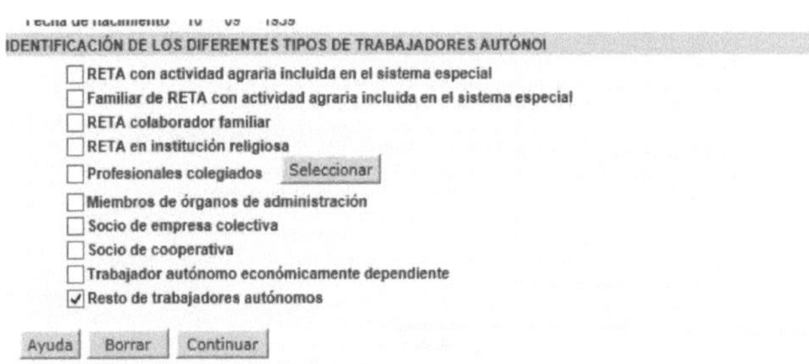

Auf der nächsten Seite continuar klicken, sie bestätigen somit hr Vorgehen:

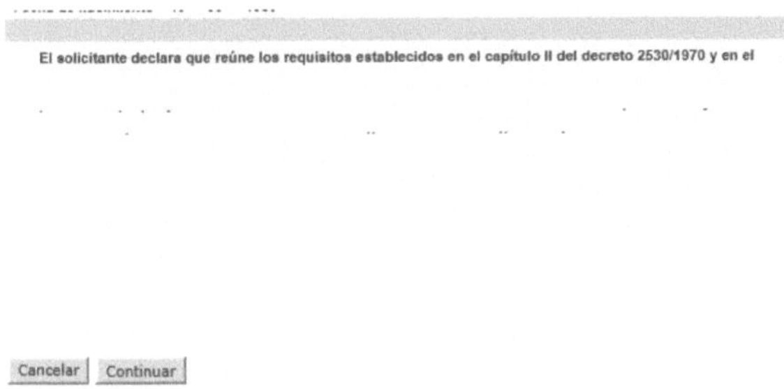

Auf der nächsten Seite, geben sie Ihre Adresse ein, und markieren auch ob diese Adresse mit der Adresse übereinstimmt in welcher sie Benachrichtigungen erhalten, falls nicht no anklicken und eine andere Adresse hinterlegen. Dann können sie ihre Handynummer angeben und rechts auf si klicken, dann bekommen sie über wichtige Dinge zu ihrer Anmeldung immer eine SMS. Kann sehr hilfreich sein und ist kostenlos. Dann müssen sie ihre Mail noch angeben und darunter noch einmal wiederholen.

Mit Continuar weiter

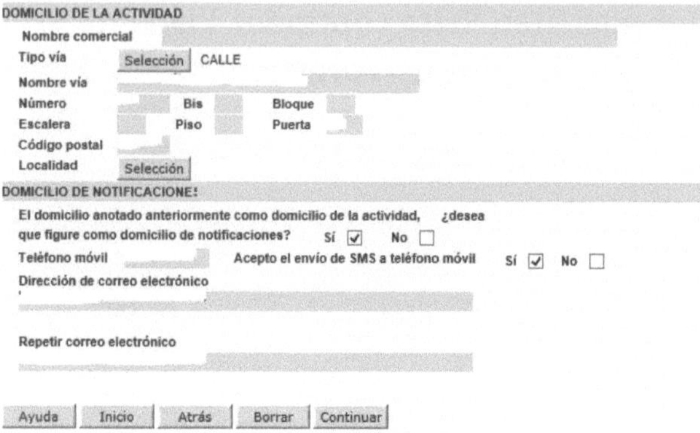
DOMICILIO DE LA ACTIVIDAD
Nombre comercial
Tipo vía Selección CALLE
Nombre vía
Número Bis Bloque
Escalera Piso Puerta
Código postal
Localidad Selección
DOMICILIO DE NOTIFICACIONES
El domicilio anotado anteriormente como domicilio de la actividad, ¿desea que figure como domicilio de notificaciones? Sí ☑ No ☐
Teléfono móvil Acepto el envío de SMS a teléfono móvil Sí ☑ No ☐
Dirección de correo electrónico
Repetir correo electrónico
Ayuda | Inicio | Atrás | Borrar | Continuar

Auf der kommenden Seite geben sie zunächst den IAE Code ein- Achtung keine Punkte oder Slashs verwenden.

Im Datum Feld der Tag der Tätigkeit- soll mit den Angaben beim FA im MOdelo 037 übereinstimmen. Dann noch die Provinz auswäheln und continuar klicken.

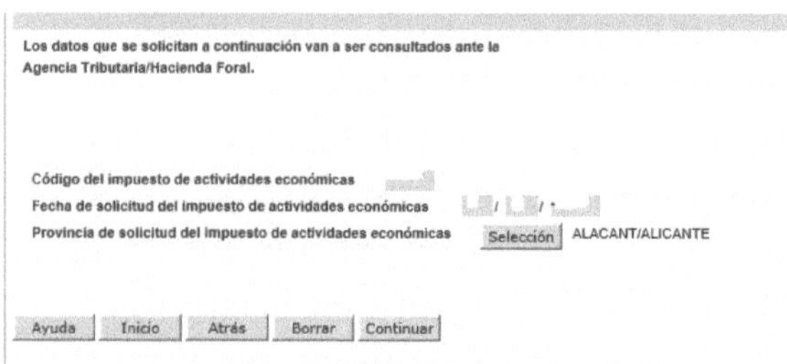
Los datos que se solicitan a continuación van a ser consultados ante la Agencia Tributaria/Hacienda Foral.
Código del impuesto de actividades económicas
Fecha de solicitud del impuesto de actividades económicas / /
Provincia de solicitud del impuesto de actividades económicas Selección ALACANT/ALICANTE
Ayuda | Inicio | Atrás | Borrar | Continuar

Im nächsten Fenster kommt jetzt der CNA Code, welchen sie unter Aktividad eingeben. Sie müssen über ein Auswahlfeld gehen.

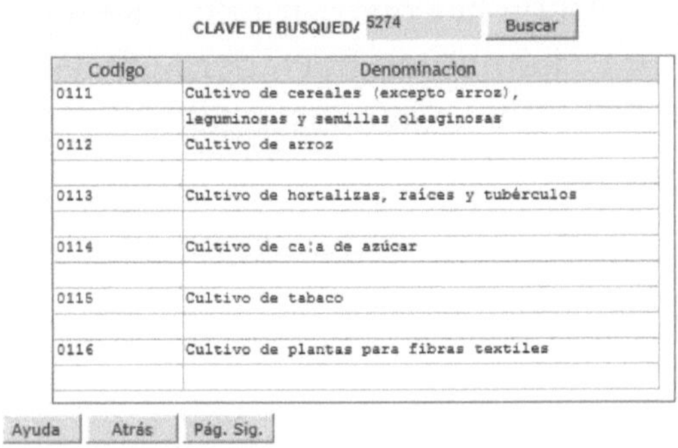

CLAVE DE BUSQUED/ 5274 Buscar

Codigo	Denominacion
0111	Cultivo de cereales (excepto arroz), leguminosas y semillas oleaginosas
0112	Cultivo de arroz
0113	Cultivo de hortalizas, raíces y tubérculos
0114	Cultivo de ca:a de azúcar
0115	Cultivo de tabaco
0116	Cultivo de plantas para fibras textiles

Ayuda | Atrás | Pág. Sig.

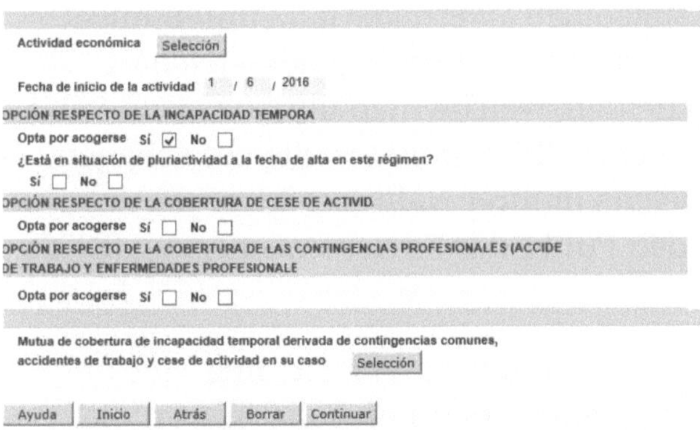

Actividad económica Selección

Fecha de inicio de la actividad 1 / 6 / 2016

OPCIÓN RESPECTO DE LA INCAPACIDAD TEMPORA

Opta por acogerse Sí ☑ No ☐

¿Está en situación de pluriactividad a la fecha de alta en este régimen?

Sí ☐ No ☐

OPCIÓN RESPECTO DE LA COBERTURA DE CESE DE ACTIVID

Opta por acogerse Sí ☐ No ☐

OPCIÓN RESPECTO DE LA COBERTURA DE LAS CONTINGENCIAS PROFESIONALES (ACCIDE DE TRABAJO Y ENFERMEDADES PROFESIONALE

Opta por acogerse Sí ☐ No ☐

Mutua de cobertura de incapacidad temporal derivada de contingencias comunes, accidentes de trabajo y cese de actividad en su caso Selección

Ayuda | Inicio | Atrás | Borrar | Continuar

Die nächsten 3 Felder sind Optionsfelder für Zusatzleistungen, die natürlich auch Geld kosten

Opción Respecto de la Incapacidad Temporal----hier bekommt man Krankengeld im Krankheitsfall.

Opción Respecto de la Cobertura de cese de Actividad--- u.U. kann man nach der Selbstständigkeit auch ein Arbeitslosengeld beziehen.

Der letzte Punkt gilt für Arbeitsunfälle und deren Folgen.

Die Optionen können auch noch später „hinzugebucht“ werden. Ganz unten muss man sich für eine Berufsgenossenschaft entscheiden, welche man über das Feld Seleccion auswählen muss. Vielleicht schauen sie welche in ihrer Nähe ist, oder wählen hier den Punkt der Sozialversicherung (INSS) aus.

Es hat aber eindeutig Vorteile hier eine andere zu wählen, denn im Falle (sofern die Optionen ausgewählt wurden) einer Krankschreibung durch den zugewiesenen Arzt im Centre de Salud hat man auch das Recht zur Berufsgenossenschaft zu gehen und kann so dem sozialen Gesundheitssystem etwas entgegen.

Hier mal eine Übersicht, ohne Wertung, einiger Berufsgenossenschaften:

Wenn sie wieder continuar geklickt haben entscheiden sie sich jetzt für die Basis, i.d.R. ist das die mínima (mehr dazu im Anfangskapitel Sozialversicherungspflicht)

Weiter unten können sie noch markieren, ob die Quote dem Lebenserhaltungsindex angepasst werden soll. Dann bitte wieder auf continuar klicken.

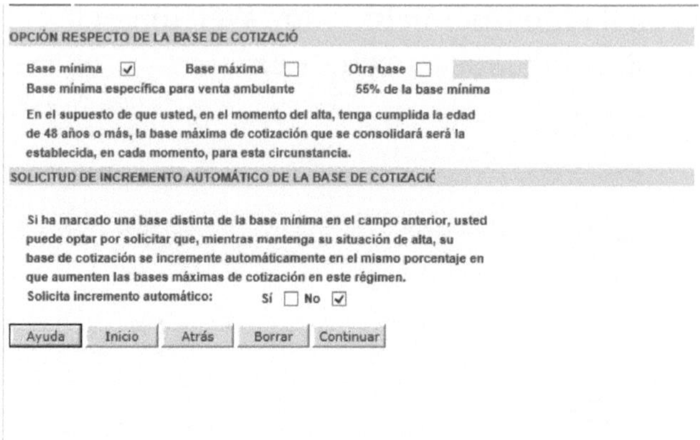

OPCIÓN RESPECTO DE LA BASE DE COTIZACIÓ

Base mínima ☑ Base máxima ☐ Otra base ☐

Base mínima específica para venta ambulante 55% de la base mínima

En el supuesto de que usted, en el momento del alta, tenga cumplida la edad de 48 años o más, la base máxima de cotización que se consolidará será la establecida, en cada momento, para esta circunstancia.

SOLICITUD DE INCREMENTO AUTOMÁTICO DE LA BASE DE COTIZACIĆ

Si ha marcado una base distinta de la base mínima en el campo anterior, usted puede optar por solicitar que, mientras mantenga su situación de alta, su base de cotización se incremente automáticamente en el mismo porcentaje en que aumenten las bases máximas de cotización en este régimen.

Solicita incremento automático: Sí ☐ No ☑

Ayuda | Inicio | Atrás | Borrar | Continuar

Auf der kommenden Seite, legen sie durch Anklicken fest ob sie einen Bonus bekommen (s.Kapitel Sozialversicherungspflicht)

Punkt 1 ist für alle, die die letzten 5 Jahre nicht selbstständig waren

Punkt 2 für alle Männer unter 30 und Frauen unter 35, die sich zum ersten Mal anmelden

Punkt 3 Behindertengrad 33% und darüber und keine Anmeldung als Selbstständiger in den letzten 5 Jahren

Punkt 4 offizielle Opfer eines Verbrechens und keine Anmeldung als Selbstständiger in den letzten 5 Jahren.

Punkt 5 offizielle Opfer eines Terroranschlags und keine Anmeldung als Selbstständiger in den letzten 5 Jahren.

Punkt 6 Personen den noch aus vorherigen Gesetzen gültige Ansprüche zustehen.

I.d.R. kreuzen wir den ersten Punkt an und klicken wieder auf Continuar:

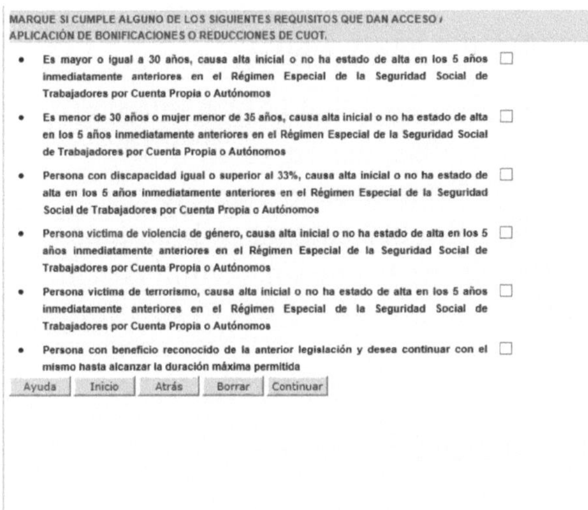

MARQUE SI CUMPLE ALGUNO DE LOS SIGUIENTES REQUISITOS QUE DAN ACCESO A APLICACIÓN DE BONIFICACIONES O REDUCCIONES DE CUOT.

- Es mayor o igual a 30 años, causa alta inicial o no ha estado de alta en los 5 años inmediatamente anteriores en el Régimen Especial de la Seguridad Social de Trabajadores por Cuenta Propia o Autónomos ☐
- Es menor de 30 años o mujer menor de 35 años, causa alta inicial o no ha estado de alta en los 5 años inmediatamente anteriores en el Régimen Especial de la Seguridad Social de Trabajadores por Cuenta Propia o Autónomos ☐
- Persona con discapacidad igual o superior al 33%, causa alta inicial o no ha estado de alta en los 5 años inmediatamente anteriores en el Régimen Especial de la Seguridad Social de Trabajadores por Cuenta Propia o Autónomos ☐
- Persona victima de violencia de género, causa alta inicial o no ha estado de alta en los 5 años inmediatamente anteriores en el Régimen Especial de la Seguridad Social de Trabajadores por Cuenta Propia o Autónomos ☐
- Persona victima de terrorismo, causa alta inicial o no ha estado de alta en los 5 años inmediatamente anteriores en el Régimen Especial de la Seguridad Social de Trabajadores por Cuenta Propia o Autónomos ☐
- Persona con beneficio reconocido de la anterior legislación y desea continuar con el mismo hasta alcanzar la duración máxima permitida ☐

Ayuda | Inicio | Atrás | Borrar | Continuar

Jetzt kommt die Kontonummer – derzeit noch ohne IBAN, aber das wird sich sicher schnell ändern.

Weiter unten N.I.E.-Nummer auswählen und diese nochmal eintragen, danach continuar klicken

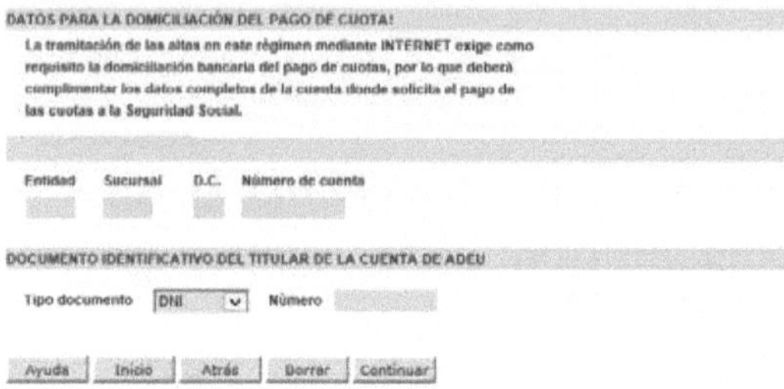

Jetzt kommt die letzte Seite,

hier könnte man nochmal entscheiden, etwas zu ändern über die Taste modificar, über Retrocer können sie Seiten zurück gehen, Cancelar bricht das ganze ab und sie müssen von vorne beginnen. Ayuda ist ein Hilfefeld.

I.d.R. klicken sie Confirmar

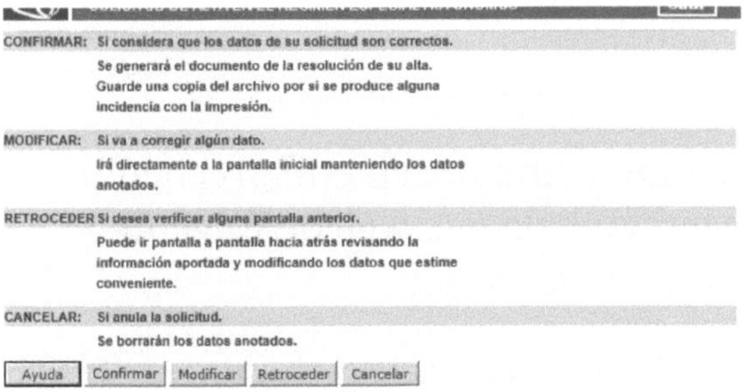
CONFIRMAR: Si considera que los datos de su solicitud son correctos.
Se generará el documento de la resolución de su alta.
Guarde una copia del archivo por si se produce alguna incidencia con la impresión.

MODIFICAR: Si va a corregir algún dato.
Irá directamente a la pantalla inicial manteniendo los datos anotados.

RETROCEDER Si desea verificar alguna pantalla anterior.
Puede ir pantalla a pantalla hacia atrás revisando la información aportada y modificando los datos que estime conveniente.

CANCELAR: Si anula la solicitud.
Se borrarán los datos anotados.

Ayuda | Confirmar | Modificar | Retroceder | Cancelar

Danach bekommen sie eine PDF Datei mit ihrer Anmeldung. Diese sollten sie unbedingt abspeichern.

Lizenzen/ Konzessionen

Bitte bedenken sie das es Eröffnungslizenzen gibt, die man vor Eröffnung des Geschäftes vorweisen muss. Bevor sie mieten, prüfen sie ob überhaupt die Möglichkeit gegeben ist, ihre Tätigkeit dort auszuführen. Es gibt bestimmte baulichen Vorschriften, wie Behindertenzugang, Notlicht etc. Beauftragen sie damit einen Architekten oder Ingenieur.

Buchhaltung

Ausgangsrechnungen

Ihre Einnahmen sind durch entsprechende Rechnungen zu belegen, welche folgende Daten enthalten müssen:

Ihr Firmenname, Vor- und Nachname, NIE-Nummer, PLZ mit Anschrift. Im Brief fuß sind die Daten optional, sie können z.B. Kontonummer oder Slogans einfließen lassen.

Die Daten des Rechnungsempfängers müssen ebenso genau angegebenen werden: mit Firmenname, Vor- und Nachname, NIE/NIF oder CIF-Nummer, PLZ mit Anschrift.

Die Rechnung muss Datum und Rechnungsnummer enthalten. Weiterhin sind Rechnungszweck, Nettobetrag, Mehrwertsteuer und Endbetrag anzugeben. Ebenso der Zahlungsweg (Bar, Scheck, Kreditkarte, Überweisung etc.).

Die Rechnungsnummer muss chronologisch fortlaufend sein. In jedem Buchungsjahr wieder neu beginnen.

Wichtig zu beachten ist, wir sind in Spanien, alle Rechnungen müssen in spanischer

Sprache geschrieben werden. Falls sie deutsche Texte verwenden, sollten sie diese ins spanische übersetzen, also ihre Rechnung zweisprachig ausstellen.

Eingangsrechnungen:

Sofern Sie Ausgaben haben, müssen auch diese mit Rechnungen belegt werden. Quittungen oder Tickets sind in Spanien ungültig.

Auf allen Rechnungen, welche Sie erhalten, müssen neben den kompletten Daten des Rechnungsstellers auch Ihre kompletten Daten enthalten sein: Firmenname, Vor- und Nachname (bei Persona Fisica), NIE/NIF oder CIF-Nummer, PLZ mit Anschrift.

So unglaublich es klingen mag, das Finanzamt kann im Falle einer Überprüfung Ihres Unternehmens eine Strafe auferlegen für jedes fehlende Detail, so wurde z.B. im Jahre 2012 das Fehlen einer Postleitzahl mit 20 Euro, das Fehlen der Steuernummer mit 20 Euro usw. bestraft.

Bitte achten Sie sorgfältig auf entsprechende Details der Rechnung. Viele spanische Firmen geben nicht gerne Rechnungen aus. Achten Sie darauf, dass die Rechnungen immer mit Factura (= span. Rechnung) gekennzeichnet sind. Albaran oder Notas de Entrega sowie Pedido sind keine Rechnungen.

Welche Kosten kann man absetzen?

Im spanischen Gesetz gibt es einige Einschränkungen. So können beispielsweise keine Restaurantrechnungen (außer im Falle einer Reise) abgesetzt werden. Ebenso wenig Geschenke aller Art an dritte Personen. Wenn aber die Geschenke einen Werbedruck ihrer Firma haben, dürfen diese abgesetzt werden.

Ebenso sind die Ausgaben je nach Tätigkeitsfeld unterschiedlich zu betrachten. So kann ein Schuster natürlich keine Getränke absetzen, oder ein Makler keine Lebensmittel.

PKW-Kosten

Wie kann man die Anschaffungs- und Unterhaltskosten für einen PKW als Ausgaben absetzen wenn man diesen PKW bei der beruflichen Tätigkeit als Selbstständiger oder Unternehmer nutzt. Anbei alles wissenswerte , was das Finanzamt in diesem Zusammenhang über die Umsatzsteuer und die Einkommensteuer sagt und was unter der

„Abzugsfähigkeit von Ausgaben“ verstanden wird.

Eine der häufigsten Fragen in den Foren zur steuerlichen Verwaltung von Selbstständigen ist wohl, wie man als Selbstständiger die Kosten für einen PKW als Ausgaben absetzen kann und die Antwort ist...... das hängt vom jeweiligen Fall und der Bereitschaft ab, mit dem Finanzamt über diese Abzugsfähigkeit streiten zu wollen.

Zunächst schauen wir uns die rechtlichen Vorschriften in diesem Zusammenhang an und anschließend werden wir diese interpretieren, sodass sie versuchen können, diese auf eure individuelle Situation zu übertragen und dabei die rechtlichen Bestimmungen einzuhalten.

Trotz all unserer Hinweise werden bei der Anwendung und Interpretation dieser Vorschriften immer Fragen auftauchen, sogar der beste Steuerberater wird ihnen nicht garantieren können, dass, wenn sie sich nicht strikt an die rechtlichen Vorschriften haltet, sie nicht für die Abzugsfähigkeit eurer Ausgaben kämpfen müsst. Warum? Weil, wie später in einigen bindenden Erklärungen des Finanzamts ausgeführt „... ist das

Finanzamt dafür zuständig, die dargelegten Nachweise zu bewerten". Wie sie sehen hat das FA immer das letzte Wort.

Einer der wohl überraschendsten Aspekte dieses Themas betrifft die Abzugsfähigkeit bei der Umsatzsteuer und den Erträgen (Einkommensteuer). Für beide Steuern werden nicht dieselben Kriterien zugrunde gelegt, was für eine Steuer gilt, hilft bei der anderen nicht weiter. Hat das irgendeinen Sinn? Nach meinem Verständnis nicht (und als Erklärung dient meiner Meinung nach auch nicht, dass es sich hierbei um zwei grundlegend verschiedene Steuern handelt). Aber was Vorschrift ist, ist nun mal Vorschrift.

Bezüglich der Mehrwertsteuer

Welche Möglichkeiten gibt es, die Anschaffungskosten von einem Auto von der Umsatzsteuer und der Einkommenssteuer abzuziehen?

Gemäß der Antwort des Finanzamts, kann man 50 % der Umsatzsteuer abziehen, die man für den Kauf und den Unterhalt des PKWs aufwendet und zwar immer dann, wenn belegt werden kann, dass man das Fahrzeug bei seinen geschäftlichen Tätigkeiten verwendet hat. Aber wie kann man das beweisen? Zum Beispiel, indem man eine Liste der Kunden und den Ortschaften vorlegt, in denen diese wohnen oder mit Hilfe eines Besuchskalenders (ein Kalender der von einem Tag auf den anderen geschrieben wurde, wird jedoch nicht akzeptiert, sondern er muss im Laufe der Zeit angefertigt worden sein), mit Hilfe einer Liste von vereinbarten Besuchen, die per Mail vereinbart wurden, anderen Dokumenten, mit Hilfe von angenommen Angeboten, in denen aufgeführt ist, wo die Dienstleistungen ausgeführt oder wo die Waren übergeben werden....All jene Dinge, die rechtfertigen, dass man sich beruflich mit dem PKW fortbewegen musst, um Einkünfte zu erzielen.

Und wann kann man 100 Prozent der Mehrwertsteuer abziehen? Wenn das Fahrzeug eine der folgenden Eigenschaften erfüllt:

a) Mehrzweckfahrzeuge, die für den Transport von Waren verwendet werden.

b) Fahrzeuge, die für den Transport von Reisenden gegen Vergütung verwendet werden.

c) Fahrzeuge, die für die Schulung von Fahrern gegen Vergütung verwendet werden

d) Fahrzeuge, die für die Durchführung von Proben, Tests oder Vorführungen oder in der Verkaufsförderung verwendet werden.

e) Fahrzeuge, die Vertreter oder Handelsvertreter für ihre berufliche Fortbewegung benutzen.

f) Fahrzeuge, die im Überwachungsdienst verwendet werden

Was genau unter einem „Mehrzweckfahrzeug" verstanden? Ein Mehrzweckfahrzeug gemäß den Vorschriften der Anlage des gesetzgeberischen königlichen Dekrets 339/1990:

Mehrzweckfahrzeug: Automobil, das für den, gleichzeitigen oder getrennten, Transport von Waren und bis zu 9 Personen, Fahrer eingeschlossen, geeignet ist und in dem die Ladung gegebenenfalls, teilweise oder vollständig, durch Personen ersetzt werden kann, wenn man Sitzplätze hinzufügt.

Wenn wir einen Van oder einen Kleintransporter haben, den wir für den Transport von Materialien verwenden, dieses Fahrzeug zudem mit dem Namen unseres Unternehmens beschriftet ist, wenn uns außerdem für unsere private Nutzung ein anderes Fahrzeug zur Verfügung steht und dieser Van/Kleintransporter kein hochwertiges Fahrzeug ist und im Markt als Fahrzeug zur industriellen Nutzung katalogisiert ist, dann können wir 100 % der Mehrwertsteuer absetzen, die wir für die Anschaffung und/oder die Instandhaltung dieses Fahrzeug aufgewendet haben. Warum? Weil wir belegen können, dass dieses Fahrzeug zu 100 Prozent bei unserer Geschäftstätigkeit verwendet wird und der Definition entspricht, die die Bestimmung zu den Mehrzweckfahrzeugen vorsieht.

Je mehr Umstände die ausschließlich berufliche Nutzung dieses Fahrzeugs belegen, desto besser.

Außer in dem Fall, dass man sich wirklich zu 100 Prozent an diese Vorschrift hältst, ist jede Anpassung an diese Bestimmungen einzig; ob das Finanzamt die Abzugsfähigkeit dieser Ausgaben als korrekt erachtet, hängt davon ab, was man im Moment einer Überprüfung geltend machst.

Bezüglich der Einkommenssteuer

Hier gibt es keine Kompromisse, entweder werden 100 % mit der Geschäftstätigkeit verknüpft oder nichts. Interessant ist, dass für diese 100 % Verknüpfung mit der Arbeit dieselben Bestimmungen wie für die Mehrwertsteuer (Fahrzeugtypen) zu Grunde gelegt werden, aber in dem Fall eines „geteilten" Fahrzeugs, das auch für private Tätigkeiten verwendet wird, gibt es nicht die Möglichkeit 50 % geltend zu machen. Hier die vorher schon erwähnte Widersprüchlichkeit.

Ist es gängige Praxis, dass die durch ein Fahrzeug verursachten Kosten zu 50 Prozent im Rahmen der Einkommensteuer abgezogen werden? Ja, ehrlich gesagt schon. Grund hierfür ist, dass viele Reparaturen eben Folge des konstanten Gebrauchs des Fahrzeugs für die beruflichen Tätigkeiten sind. Ist das korrekt? Nein, denn es entspricht nicht der reinen Vorschrift.

Wenn man sich dazu entscheidet, die Kosten für das Fahrzeug als Ausgaben zu verbuchen, weil man davon ausgeht, dass man im Falle einer Überprüfung beweisen kann, dass das Fahrzeug nur für die Geschäftstätigkeit verwendet wird, darf man nicht vergessen, dass die letzte Instanz immer das FA ist und es ihnen vorbehalten ist, über die steuerliche Abzugsfähigkeit von Ausgaben zu entscheiden.

Jedoch muss auch darauf hingewiesen werden, dass es Urteile gibt, in denen das Recht, die Kosten abzusetzen, anerkannt wurde. In dem Fall, dass das Finanzamt die Ausgaben als nicht abzugsfähig erachtet, kann man auf dem Verwaltungsweg auf dieses Recht bestehen und es einfordern. Aber man sollte auch wissen, dass man für dieses Verfahren auf jeden Fall viel Zeit und Geduld mitbringen sollte.

Wie führe ich meine Bücher?

Ich empfehle immer, sich zunächst je 2 Ordner für die Eingangs- und Ausgangsrechnungen mit einem ABC-Register anzulegen. Warum ein ABC Register und kein 1-31? Es gibt im spanischen Steuersystem Eigenarten, auf welche ich später noch zu sprechen komme- nämlich das Modelo 347- wenn man da die Unterlagen gut vorsortiert hat, dann kann man sich sehr viel Arbeit erleichtern.

Je einen Ordner für gezahlte und den anderen Ordner für die unbezahlten Kreditoren bzw. Debitoren.

Je ordentlicher und akribischer sie sind um zu einfacher haben sie es später einmal.

Die Einnahmen und die Ausgaben erfassen sie am besten in einer Excel Liste.

Die Liste muss mind. Folgendes enthalten:

Belegnummer, Datum, RG Nummer, Steuernummer Kunde, Name Kunde, Konzept, Netto, Steuer, Brutto, Zahlungsart.

Es gibt noch ein zweites Buch für die Ausgaben namens Registro de compras y gastos por conceptos, welches man führen muss, aber man kann sich die Arbeit vereinfachen, wenn man in Excel schon entsprechend die Konzepte benennt und später über die Filter Option die Felder auswählt.

Folgende Konzepte müssen in dem Buch enthalten sein:

—	Sueldos/Sa. personal	Seguridad Social	Otros gtos.fisca.	Amortizaci. deducibles	Cuotas corp./cám..	Suministros	Servicios profesiona.

Wenn sie in der anderen Liste ordentlich arbeiten und die Konzepte genau wie oben in der Tabelle benennen, brauchen sie nur abschreiben- und zwar immer die Netto Werte.

Dieses Registro kann man selbst erstellen mit Excel oder man kauft es im Schreibwarenladen.

Steuern

Umsatzsteuer (Modelo 303)

Es gibt 3 Prozentsätze:

21% generell

10% Reduziert

(z.B. Wasser, Bahn, Restaurants, Sportevents, Lebensmittel, Brillen, Müll etc.)

4% Superreduziert

(z.B. Brot, Cerealien, Obst und Gemüse, Käse und Eier, Milch, Bücher, Medikamente, Hefte etc.)

Hier gibt es eine Liste auf der FA Seite, in welcher alle Arten aufgelistet sind:

http://www.agenciatributaria.es/static_files/AEAT/Contenidos_Comunes/La_Agencia_Tributaria/Segmentos_Usuarios/Empresas_y_profesionales/Novedades_IVA_2012/Nuevos_tipos_IVA_es_es.pdf

Einkommenssteuer (Modelo 130)

Als selbstständiger zahlt man pauschal 20% vom Gewinn für das vergangene Quartal mittels dem Modelo 130. Erst ein Jahr später im Mai in der ganz normalen Einkommenssteuer (Deklaration de la Renta- Modelo 100) wird genau abgerechnet.

Gehen wir von einer ganz normalen Versteuerung aus (kein recargo oder Módulos) dann berechnet sich die Quartalssteuern wie folgt:

Nettoeinahmen

\- Nettoausgaben

Gewinn:
Davon 5% darf man Pauschal zu den Ausgaben hinzurechnen

So dass wir so rechnen:

Nettoeinahmen
\- Nettoausgaben
\- 5% vom Gewinn

Ergebnis
Davon 20% Steuern
Aber derzeit gibt es pro Quartal noch eine Erleichterung von 100.-€, welche man noch in Abzug bringen darf.

Fristen zur Steuerabgabe

Beim Finanzamt sind die Deklarationen vierteljährlich einzureichen, immer zum 20. des Folgemonats nach Abschluss des Quartals. Ausnahme Januar, da hat man mit den Modelos 130+303 bis zum 30.01 Zeit., aber die anderen Modelos nur bis 20.01.

Wenn sie die Steuern abbuchen lassen möchten, müssen sie immer bis zum 15. Des Folgequartals die Modelos übermittelt haben.

Es gibt auch einen Fristenkalender auf der Webseite des FA, man kann diesen sogar in seinen eignen Kalender (unter dem Punkt iCalendar) importieren, wenn man die technischen Voraussetzungen hat.

Den Kalender finden sie hier:

http://www.agenciatributaria.es/

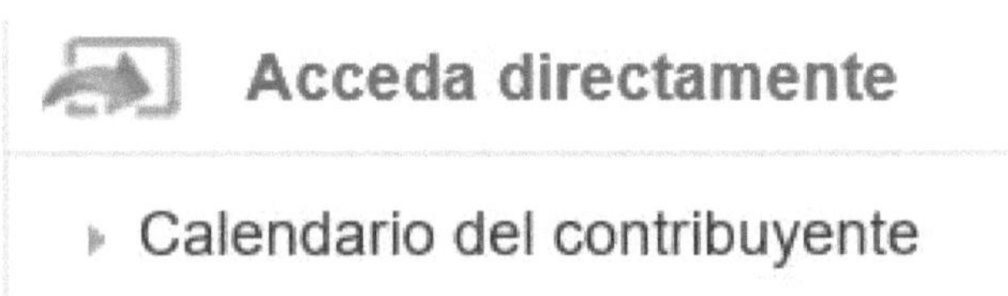

Übersicht der wichtigsten Steuermodelle

Modelo	Erklärung	Jahreszusammenfassung mittels Modelo
110	Lohnsteuer	190
115	Mietretencion	180
130	Einkommenssteuervorauszahlung	La Renta 100
303	IVA	390
347	Deklaration mit dritten über 3006.-€	
349	ZM Meldung mit dem Europäischen Ausland für Ust-freie Lieferungen und Dienstleistungen	

Lohnsteuer (Modelo 111)

Bei Teilzeit Angestellten ist eine Lohnsteuer von mindestens 2% abzuführen. Diese wird vom Bruttolohn abgezogen und vom Arbeitgeber abgeführt. Die exakte Lohnsteuer errechnet sich anhand des Einkommens- und Familienstand des Angestellten.

Kann man einfach über dieses Tool beim FA errechnen: http://www.agenciatributaria.es/

nen: http://www.agenciatributaria.es/AEAT.internet/Retenciones.shtml

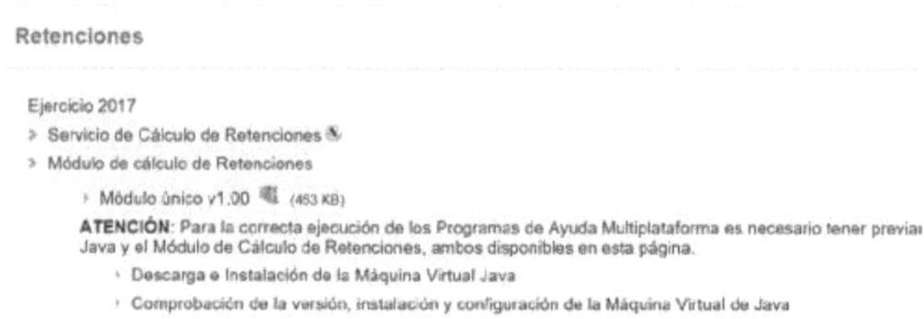

Man führt aber auch noch eine spezielle Retencionssteuer darüber ab, dies tun aber nur juristische Personen. Wenn z.B. ein Notar an eine S.L. fakturiert zieht er einen bestimmten Prozentsatz ab, diesen muss die S.L. dann an das FA abführen. So hat das FA eine Kontrolle.

Retencionssteuer für Miete (Modelo115)

Sicher haben sie sich schon darüber gewundert, was dies wohl für eine Steuer sein soll?

Das Wort Retencion heißt eigentlich Einbehalt. Haben sie ein Lokal gemietet muss der Vermieter einen solchen Retencionsabzug machen. Dieses Geld müssen sie dann treuhänderisch am Quartalsende an das FA abführen. Somit hat wiederum das FA eine Kontrolle über den Vermieter.

Sie müssen am Jahresende mittels dem Modelo 180 dem Vermieter eine Lohnsteuerkarte aushändigen. Die Mietrentencion beträgt derzeit (2017) 19% von der Nettomiete.

Beispiel

350 Miete plus

73,50 IVA

66,50 19% Retencion abziehen

357,00 Miete an den Vermieter zu zahlen und 66,50 Retencion ans FA mittels Modelo 115

Modelo 347

Wir haben in den letzten beiden Beispielen viel über Kontrolle gesprochen. Und es ist wahr, der spanische Staat hat ein sehr ausgeklügeltes Steuersystem. Dies stellt auch das Modelo 347 unter Beweis. Denn Steuerinspektionen sind selten Zufall, sondern Ergebnis der sogenannten Fehlerlisten des Finanzamtes. Ganz vorne im Kontrollmeschanismus ist das Modelo 347.

Hier werden alle Umsätze mit dritten über 3006.-€ deklariert. Ausgeschlossen sind

Umsätze die schon mit Retencionen waren und in den Modelos (180 oder190) gemeldet wurden und diese die schon in der ZM Meldung (349) gemeldet wurden.

Beispiel: Sie kaufen bei Mustermann SA im Jahr mehrmals ein und zahlen insgesamt (Brutto!) 3.020.-€

Dann müssen sie im Modelo 347 (Frist bis 31-03) diesen Vorgang als Kosten melden.

Die Firma Mustermann SA meldet die gleiche Summe als Einnahme.

Somit hat das FA schon sehr viele Daten, und vergessen sie eine Rechnung und tragen eine falsche Zahl ein- dann ist eine Inspektion sehr wahrscheinlich. Deswegen erwähnte ich, dass es sinnvoll ist einen ABC Ordner anzulegen. So finden sie die Rechnungen nach Lieferant geordnet.

Modelo 349-EU Operationen

Wenn sie eine Ust ID Nummer besitzen (Antrag über Modelo 036- Feld 130+ Seite 5 Feld 582+584) und im europäischen Ausland umsatzsteuerfrei einkaufen oder auch verkaufen, müssen sie dies in dem Modelo

349 melden. Das Modelo sollte wie die anderen quartalsweise abgegeben werden. Denn wenn man über einen Zeitraum keinen Geschäftsverkehr im EU Ausland hatte, wird die Nummer gerne wieder gesperrt.

Wie funktioniert die Umsatzsteuerrückerstattung?

Das ist ein für uns schwer zu verstehendes Thema. Das Umsatzsteuerguthaben wird immer „mitgeschleppt“ und erst im letzten Quartal kann man die Devolución-Rückerstattung beantragen. Meistens erfolgt daraufhin eine Inspektion. Man kann das Steuerguthaben bis zu 4 Jahre vortragen. Danach verfällt es.

Wo gibt man die Steuern ab?

Man kann in Spanien alle Quartals-Steuern auf der Finanzamt Seite einfach und ohne Programme abgeben. Für die Jahressteuern gibt es Programme, die man auf der Website des FA runterladen kann.

http://www.agenciatributaria.es/

Ein Tipp damit sie nicht immer solange suchen, in den Feld Buscar geben sie die Modelo Nummer ein und gelangen so auf die richtige Seite.

Ansonsten immer auf Sede Eletrónica und dort unter dem mittleren Block unter dem Punkt Trámites destacados, Presentar y consultar declaracionen auswählen.

Trámites destacados

- Aplazamiento y fraccionamiento de deudas
- Apoderar y otorgar representación
- Cita previa
- Cl@ve PIN
- Consulta y modificación de mis datos censales
- Consultar deudas
- Contestar requerimientos o presentar documentaci recibido de la AEAT Ayuda
- Cotejo de documentos mediante código seguro de
- Pago de impuestos
- Presentar y consultar declaraciones

Dort einfach bis zu ihrer gewünschten Erklärung scrollen, auswählen und unter Presentaciones mittels ihrem Zertifikat die entsprechende Deklaration vornehmen.

Praktische Beispiele

Im Anschluss noch ein kleines praktisches Beispiel.

Wir haben folgende Geschäftsvorfälle im ersten Quartal 2017:

Wir kaufen Büromaterial für 121.- € brutto

Wir machen Werbung in Deutschland bei XY für 50.- ohne Umsatzsteuer

Auch kaufen wir Ware in Deutschland ohne Umsatzsteuer im Wert von 500.-€

Wir haben eine Büromiete bezahlt in Höhe von 350.-€ (+IVA minus Retencion!)

Unsere Einnahmen betrugen 1500.-€ brutto.

Die Sozialabgaben für unseren Autonomo waren 254,80 €

Ich werde im Folgenden die einzelnen Modelos vorführen

Das Modelo 130 würde so berechnet werden:

Ingresos computables	1.239,67
Gastos	1.247,94
Coeficiente de gastos (5%)	
Gastos fiscalmente deducibles	1.247,94
Rendimiento neto	-8,27
20% del rendimiento neto	
Pagos fraccionados anteriores	
Retenciones e ingresos a cuenta	
CUOTA	

Actividades Agrícolas

Volumen de ingresos del trimestre	
2% del volumen de ingresos	
Retenciones e ingresos a cuenta	
CUOTA	

Total Liquidación

Suma de pagos fraccionados	
Minoración art. 110.3 c)	100,00
Total deducir de períodos anteriores	
A deducir del período	
Deduc.préstamos por adq.vivienda	
A deducir del período	
A INGRESAR	-100,00

Und so sieht dann das fertige Formular aus:

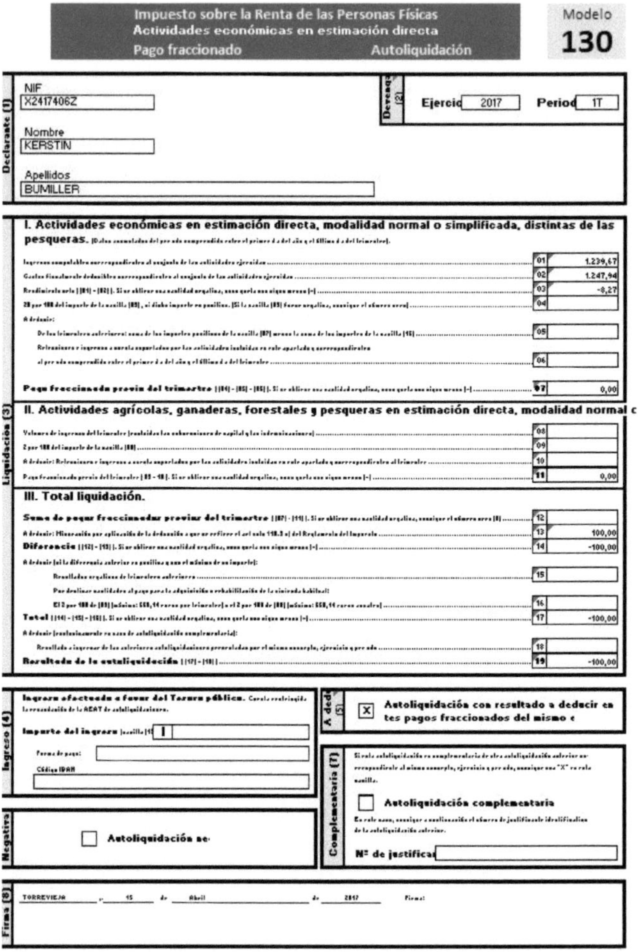

Impuesto sobre la Renta de las Personas Físicas
Actividades económicas en estimación directa
Pago fraccionado Autoliquidación

Modelo
130

Declarante (1)

NIF: X2417406Z

Nombre: KERSTIN

Apellidos: BUMILLER

Devengo (2) — Ejercicio: 2017 — Periodo: 1T

Liquidación (3)

I. Actividades económicas en estimación directa, modalidad normal o simplificada, distintas de las pesqueras.

Casilla	Importe
01	1.239,67
02	1.247,94
03	-8,27
04	
05	
06	
07	0,00

II. Actividades agrícolas, ganaderas, forestales y pesqueras en estimación directa, modalidad normal o

Casilla	Importe
08	
09	
10	
11	0,00

III. Total liquidación.

Casilla	Importe
12	
13	100,00
14	-100,00
15	
16	
17	-100,00
18	
19	-100,00

Ingreso (4)

Importe del ingreso

Forma de pago:

Código IBAN

A deducir (5)

[X] Autoliquidación con resultado a deducir en ... tes pagos fraccionados del mismo e...

Negativa (6)

[ ] Autoliquidación ne...

Complementaria (7)

[ ] Autoliquidación complementaria

Nº de justificante

Firma (8)

TORREVIEJA, a 15 de Abril de 2017 Firma:

Das 3-seitige Formular 303 für die Mehrwertsteuer sieht so aus:

Agencia Tributaria

Teléfono: 901 33 55 33
www.agenciatributaria.es

Impuesto sobre el Valor Añadido
Autoliquidación

Modelo **303**

Identificación (1)

Devengo (2) Ejercicio 2017 Período 1T

NIF	Apellidos y Nombre o Razón social
X2417406Z	BUMILLER KERSTIN

BORRADOR 303

	SI	NO
¿Está inscrito en el Registro de devolución mensual (Art. 30 RIVA)?		X
¿Tributa exclusivamente en régimen simplificado?		X
¿Es autoliquidación conjunta?		X
¿Ha sido declarado en concurso de acreedores en el presente período de liquidación?		X
¿Ha optado por el régimen especial del criterio de Caja (art. 163 undecies LIVA)?		X
¿Es destinatario de operaciones a las que se aplique el régimen especial del criterio de caja?		X
Opción por la aplicación de la prorrata especial (artículo 103.Dos.1º LIVA)		
Revocación de la opción por la aplicación de la prorrata especial (artículo 103.Dos.1º LIVA)		

Fecha en que se dictó el auto de declaración de concurso: Día / Mes / Año

Si se ha dictado auto de declaración de concurso en este período indique el tipo de autoliquidación: Preconcursal / Postconcursal

Liquidación (3)

Régimen general

IVA devengado	Base imponible	Tipo %	Cuota
Régimen general		4,00	
		10,00	
	1.239,67	21,00	260,33
Adquisiciones intracomunitarias de bienes y servicios	550,00		115,50
Otras operaciones con inversión del sujeto pasivo (excepto. adq. intracom)			
Modificación bases y cuotas			
Recargo equivalencia		0,50	
		1,40	
		5,20	
Modificaciones bases y cuotas del recargo de equivalencia			
Total cuota devengada ([03] + [06] + [09] + [11] + [13] + [15] + [18] + [21] + [24] + [26])			375,83

IVA deducible	Base	Cuota
Por cuotas soportadas en operaciones interiores corrientes	443,14	93,06
Por cuotas soportadas en operaciones interiores con bienes de inversión		
Por cuotas soportadas en las importaciones de bienes corrientes		
Por cuotas soportadas en las importaciones de bienes de inversión		
En adquisiciones intracomunitarias de bienes y servicios corrientes	550,00	115,50
En adquisiciones intracomunitarias de bienes de inversión		
Rectificación de deducciones		
Compensaciones Régimen Especial A.G. y P.		
Regularización bienes de inversión		
Regularización por aplicación del porcentaje definitivo de prorrata		
Total a deducir ([29] + [31] + [33] + [35] + [37] + [39] + [41] + [42] + [43] + [44])		208,56

Resultado régimen general ([27] - [45]) 167,27

Sie sehen das die Umsatzsteuerfreien Einkäufe sowohl bei der Umsatz (Feld 10+11)- als auch bei der Vorsteuer (Feld 36+37) berechnet werden- sie heben sich auf.

Agencia Tributaria
Teléfono: 901 33 55 33
www.agenciatributaria.es

Impuesto sobre el Valor Añadido. Autoliquidación

Página 2
Modelo
303

NIF	Apellidos y Nombre o Razón social
X2417405Z	BUMILLER KERSTIN

Régimen simplificado

A Actividades agrícolas, ganaderas y forestales

Actividad A_1

Código | Volumen ingresos | Índice cuota | Cuota devengada

1T, 2T, 3T: Porcentaje ingreso a cuenta ____ % | Ingreso a cuenta

4T: Cuota soportada operaciones corrientes | Cuota anual derivada del Régimen simplificado

Actividad A_2

Código | Volumen ingresos | Índice cuota | Cuota devengada

1T, 2T, 3T: Porcentaje ingreso a cuenta ____ % | Ingreso a cuenta

4T: Cuota soportada operaciones corrientes | Cuota anual derivada del Régimen simplificado

B Actividades en régimen simplificado (excepto agrícolas, ganaderas y forestales)

Actividad B_1 Epígrafe IAE

	Nº unidades de módulo	Importe
Módulo 1		
Módulo 2		
Módulo 3		
Módulo 4		
Módulo 5		
Módulo 6		
Módulo 7		

Cuota devengada operaciones corrientes C

Reducciones .... D

1T, 2T, 3T:

Índice corrector de actividades de temporada .... E

Porcentaje ingreso a cuenta .... F ____ %

Ingreso a cuenta* ([C] - [D]) x [E] ....

* Ver instrucciones para actividades de temporada y accesorias

Actividad B_2 Epígrafe IAE

	Nº unidades de módulo	Importe
Módulo 1		
Módulo 2		
Módulo 3		
Módulo 4		
Módulo 5		
Módulo 6		
Módulo 7		

Cuota devengada operaciones corrientes C

Reducciones .... D

1T, 2T, 3T:

Índice corrector de actividades de temporada .... E

Porcentaje ingreso a cuenta .... F ____ %

Ingreso a cuenta* ([C] - [D]) x [E] ....

* Ver instrucciones para actividades de temporada y accesorias

Suma de ingresos a cuenta del conjunto de actividades ($A_1 + A_2 + A_3 + ... + F_1 + F_2 + F_3 + ...$) 47

4T:

Cuotas soportadas operaciones corrientes .... G

Índice corrector de actividades de temporada .... H

RESULTADO ([C] - [D] - [G]) x [H] I

Porcentaje cuota mínima .... J ____ %

Devolución cuotas soportadas otros países .... K

Cuota mínima L

Cuota anual derivada régimen simplificado .... M

Cuotas soportadas operaciones corrientes .... G

Índice corrector de actividades de temporada .... H

RESULTADO ([C] - [D] - [G]) x [H] I

Porcentaje cuota mínima .... J ____ %

Devolución cuotas soportadas otros países .... K

Cuota mínima L

Cuota anual derivada régimen simplificado .... M

Actividades A + B:

Suma de cuotas derivadas régimen simplificado del conjunto de actividades ($B_1 + B_2 + ... + M_1 + M_2 + ...$) 48

Suma de ingresos a cuenta realizados en el ejercicio 49

Resultado ([48] - [49]) 50

Cuotas devengadas

Adquisiciones intracomunitarias de bienes 51

Entregas de activos fijos 52

IVA devengado por inversión del sujeto pasivo 53

Total cuota resultante: Si 1T, 2T, 3T: ([47] + [51] + [52] + [53]) 54

Si 4T: ([50] + [51] + [52] + [53])

IVA deducible

Adquisición o importación de activos fijos 55

Regularización bienes de inversión 56

Total IVA deducible ([55] + [56]) 57

Resultado régimen simplificado ([54] - [57]) 58

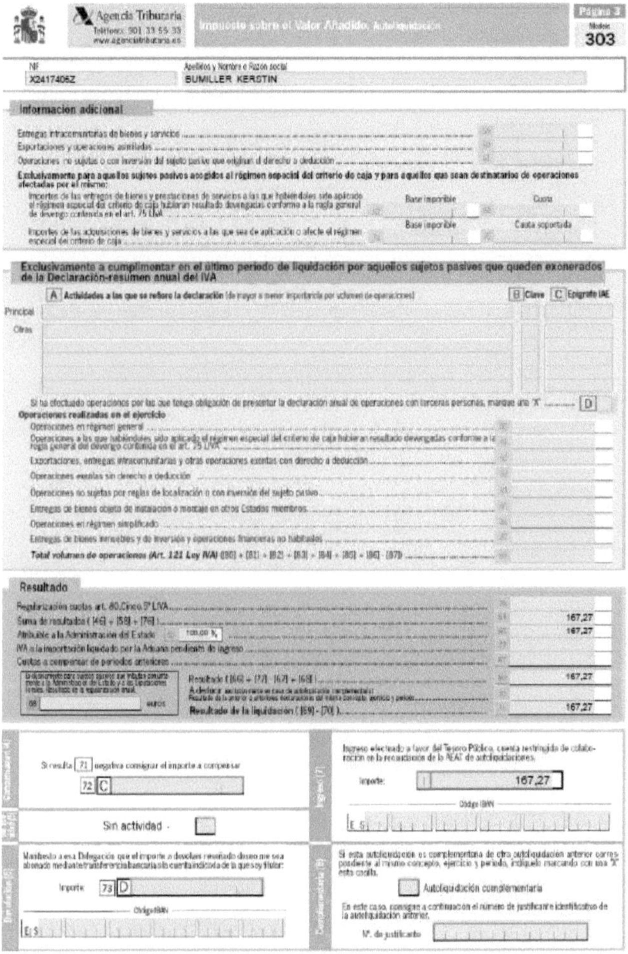
Agencia Tributaria
Teléfono: 901 33 55 33
www.agenciatributaria.es

Impuesto sobre el Valor Añadido. Autoliquidación

Página 3
Modelo
303

NIF: X2417406Z
Apellidos y Nombre o Razón social: BUMILLER KERSTIN

Información adicional

Entregas intracomunitarias de bienes y servicios
Exportaciones y operaciones asimiladas
Operaciones no sujetas o con inversión del sujeto pasivo que originan el derecho a deducción

Exclusivamente para aquellos sujetos pasivos acogidos al régimen especial del criterio de caja y para aquellos que sean destinatarios de operaciones afectadas por el mismo:

Importes de las entregas de bienes y prestaciones de servicios a las que habiéndoles sido aplicado el régimen especial del criterio de caja hubieran resultado devengadas conforme a la regla general de devengo contenida en el art. 75 LIVA — Base imponible — Cuota
Importes de las adquisiciones de bienes y servicios a las que sea de aplicación o afecte el régimen especial del criterio de caja — Base imponible — Cuota soportada

Exclusivamente a cumplimentar en el último periodo de liquidación por aquellos sujetos pasivos que queden exonerados de la Declaración-resumen anual del IVA

A Actividades a las que se refiere la declaración (de mayor a menor importancia por volumen de operaciones) — B Clave — C Epígrafe IAE
Principal
Otras

Si ha efectuado operaciones por las que tenga obligación de presentar la declaración anual de operaciones con terceras personas, marque una "X" — D

Operaciones realizadas en el ejercicio

Operaciones en régimen general
Operaciones a las que habiéndoles sido aplicado el régimen especial del criterio de caja hubieran resultado devengadas conforme a la regla general del devengo contenida en el art. 75 LIVA
Exportaciones, entregas intracomunitarias y otras operaciones exentas con derecho a deducción
Operaciones exentas sin derecho a deducción
Operaciones no sujetas por reglas de localización o con inversión del sujeto pasivo
Entregas de bienes objeto de instalación o montaje en otros Estados miembros
Operaciones en régimen simplificado
Entregas de bienes inmuebles y de inversión y operaciones financieras no habituales
Total volumen de operaciones (Art. 121 Ley IVA)

Resultado

Regularización cuotas art. 80.Cinco.5ª LIVA	
Suma de resultados ([46] + [58] + [76])	167,27
Atribuible a la Administración del Estado (100,00 %)	167,27
IVA a la importación liquidado por la Aduana pendiente de ingreso	
Cuotas a compensar de periodos anteriores	
Resultado ([66] + [77] - [67] + [68])	167,27
A deducir	
Resultado de la liquidación ([69] - [70])	167,27

Si resulta [71] negativa consignar el importe a compensar — 72 C
Sin actividad
Ingreso efectuado a favor del Tesoro Público, cuenta restringida de colaboración en la recaudación de la AEAT de autoliquidaciones. Importe: I 167,27
Código IBAN: ES
Manifiesto a esa Delegación que el importe a devolver reseñado deseo me sea abonado mediante transferencia bancaria a la cuenta indicada de la que soy titular: Importe 73 D
Código IBAN: ES
Si esta autoliquidación es complementaria de otra autoliquidación anterior correspondiente al mismo concepto, ejercicio y periodo, indíquelo marcando con una "X" esta casilla.
Autoliquidación complementaria
En este caso, consigne a continuación el número de justificante identificativo de la autoliquidación anterior.
Nº. de justificante

Das 2-Seitige Formular für die Auslands-steuer 349 sieht so aus:

MINISTERIO DE ECONOMIA Y HACIENDA

Agencia Tributaria

Delegación de D.H. DE ALACANT/ALIC

Administración de ORIHUELA — Cód. Administración 03099

Declaración recapitulativa de operaciones intracomunitarias.

Art.78 al 81 del Reglamento del I.V.A. aprobado por el R.D. 1624/1992, de 29 de diciembre (B.O.E. del 31)

Modelo **349**

Declarante

Ejercicio y modalidad de presentación

Ejercicio .... 2017 Período 1T

Declaración mensual con operaciones de los dos primeros meses del trimestre ....

Modalidad de presentación:

Impreso..

Soporte..

N.I.F.	Apellidos y nombre o razón social	Teléfono
X2417406Z	BUMILLER KERSTIN	966923087

S.G.	Nombre de la vía pública	Número	Esc.	Piso	Prta.
CL	ASTURIAS	3		1	

Código Postal	Municipio	Provincia
03186	TORREVIEJA	ALICANTE

Declaración complementaria o sustitutiva

Si la presentación de esta declaración tiene por objeto incluir percepciones que, debiendo haber figurado en otra declaración del mismo ejercicio presentada anteriormente, hubieran sido completamente omitidas en la misma, marque con una 'X' la casilla 'Declaración complementaria'.
Cuando la presentación de esta declaración tenga por objeto anular y sustituir completamente a otra declaración anterior del mismo ejercicio en la cual se hubieran consignado datos inexactos o erróneos, indique su carácter de declaración sustitutiva marcando con una 'X' la casilla correspondiente.
En caso de declaraciones sustitutivas, se hará constar a continuación el número identificativo de la declaración anterior que se sustituye mediante la nueva.

Declaración complementaria.

Declaración sustitutiva.......... Nº identificativo de la declaración anterior

Resumen de los datos incluidos en la declaración

Número total de operadores intracomunitarios	01	2
Importe de las operaciones intracomunitarias	02	550,00
Número total de operadores intracomunitarios con rectificaciones	03	
Importe de las rectificaciones	04	

Presentación en soporte colectivo

Datos que deben cumplimentarse en la hoja-resumen correspondiente al presentador:

Número total de personas o entidades retenedoras incluidas en el soporte colectivo........ 05

Número total de perceptores incluidos en el soporte colectivo.............................. 06

Dato que debe cumplimentarse en todas y cada una de las hojas-resumen correspondientes a las personas o entidades retenedoras incluidas en el soporte colectivo:

Número identificativo de la hoja-resumen correspondiente al presentador................ 07

Fecha y firma

Fecha: 15/04/2017

El sujeto pasivo o su representante

El presentador o su representante (en presentación colectiva)

Firma:

Fdo.:D/D.ª BUMILLER KERSTIN

Cargo o empleo:

Espacio reservado para la Administración

1

Agencia Tributaria

Resumen operaciones con la Unión Europea

Art. 78 al 81 del Reglamento del I.V.A. aprobado por el R.D. 1624/1992, de 29 de diciembre (B.O.E. del 31)

Modelo **349**

RELACIÓN DE OPERACIONES INTRACOMUNITARIAS

Datos identificativos de esta hoja interior

N.I.F. del declarante	Ejercicio	Período	Hoja nº
X2417406Z	2017	1T	1 / 1

Operador	Código País	NIF comunitario	Apellidos y nombre o Razón social	Clave	Base imponible
Operador 1	DE			I	50,00
Operador 2	DE			A	500,00
Operador 3					
Operador 4					
Operador 5					
Operador 6					
Operador 7					
Operador 8					
Operador 9					
Operador 10					

Sie erkennen, es sind hier verschiedene Clave/Schlüsselnummern: I steht für Serviceleistungen als Kostenfaktor und A für Warenerwerb.

Das Modelo 115 für die Abführung der 19% Mietretencion sieht so aus:

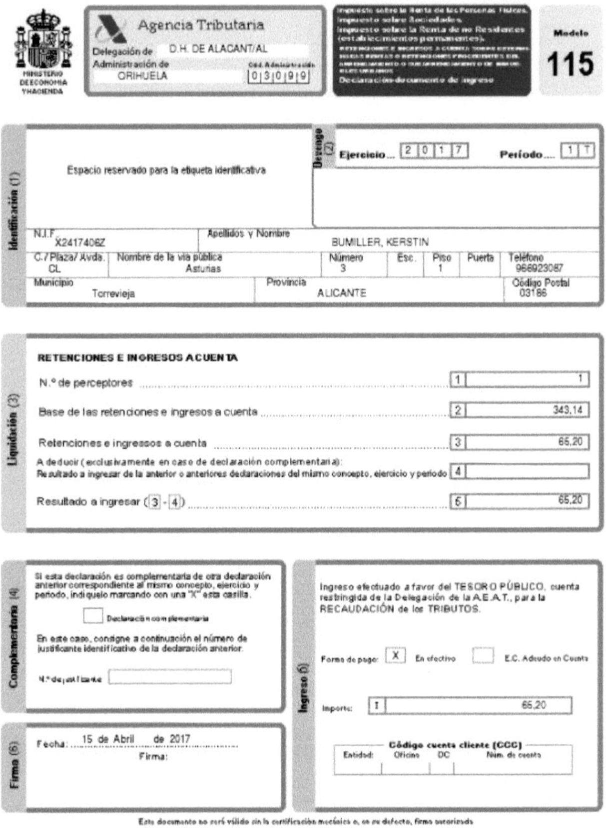
MINISTERIO DE ECONOMIA Y HACIENDA

Agencia Tributaria
Delegación de D.H. DE ALACANT/AL
Administración de ORIHUELA
Cód. Administración 03099

Impuesto sobre la Renta de las Personas Físicas.
Impuesto sobre Sociedades.
Impuesto sobre la Renta de no Residentes (establecimientos permanentes).
Declaración-documento de ingreso

Modelo 115

Identificación (1)

Espacio reservado para la etiqueta identificativa

Devengo (2)
Ejercicio ... 2017 Período ... 1T

N.I.F. X2417406Z
Apellidos y Nombre BUMILLER, KERSTIN
C./Plaza/Avda. CL
Nombre de la vía pública Asturias
Número 3
Esc.
Piso 1
Puerta
Teléfono 966923087
Municipio Torrevieja
Provincia ALICANTE
Código Postal 03186

Liquidación (3)

RETENCIONES E INGRESOS A CUENTA

N.º de perceptores	1	1
Base de las retenciones e ingresos a cuenta	2	343,14
Retenciones e ingresos a cuenta	3	65,20
A deducir (exclusivamente en caso de declaración complementaria): Resultado a ingresar de la anterior o anteriores declaraciones del mismo concepto, ejercicio y período	4	
Resultado a ingresar (3 - 4)	5	65,20

Complementaria (4)

Si esta declaración es complementaria de otra declaración anterior correspondiente al mismo concepto, ejercicio y período, indíquelo marcando con una "X" esta casilla.

Declaración complementaria

En este caso, consigne a continuación el número de justificante identificativo de la declaración anterior.

N.º de justificante

Firma (6)

Fecha: 15 de Abril de 2017

Firma:

Ingreso (5)

Ingreso efectuado a favor del TESORO PÚBLICO, cuenta restringida de la Delegación de la A.E.A.T., para la RECAUDACIÓN de los TRIBUTOS.

Forma de pago: [X] En efectivo [ ] E.C. Adeudo en Cuenta

Importe: I 65,20

Código cuenta cliente (CCC)
Entidad Oficina DC Núm. de cuenta

Este documento no será válido sin la certificación mecánica o, en su defecto, firma autorizada

Damit sie nichts verpassen haben sie die Möglichkeit beim FA http://www.agenciatributaria.es/

Ihre Nachrichten einzusehen. Sie gehen auf Sede Electronica

Und dann sehen sie rechts in dunkelblau drei Punkte:

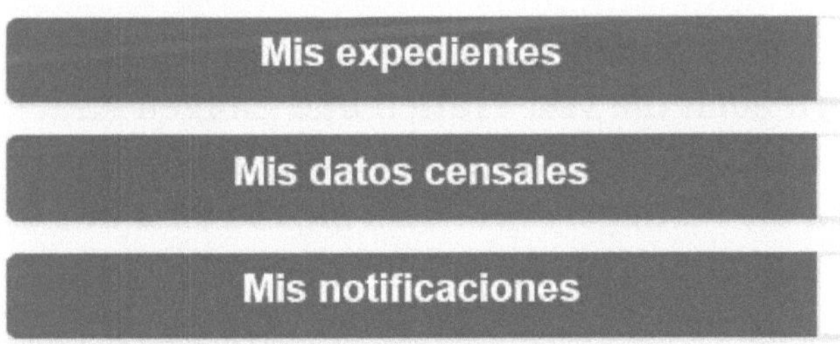

Hier können sie ihre Akten, Ihre Daten und auch Ihre Nachrichten mit ihrem Zertifikat abrufen.

Ich empfehle das jede Woche zu machen, denn nach 10 Tagen gelten Briefe als zugestellt, auch wenn sie die nie bekommen haben und die Fristen verstreichen somit.

Es gibt aber auch die Möglichkeit der Benachrichtigung per Mail, dazu müssen sie sich auf dem Portal 060 registrieren.

https://notificaciones.060.es/PC_init.action

Hier käme nicht nur die Post vom FA, sondern auch die von Trafico und einigen anderen Behörden. In einem Auswahlmenü können sie festlegen von wem sie die Post bekommen möchten.

Die Sozialversicherung hat ein eigenes System https://sede.seg-social.gob.es/

Hier wählen sie den Punkt:

Und dann den Punkt:

Den dortigen Anweisungen folgen und schon sind sie im System registriert und bekommen per Mail Nachrichten zugestellt.

Bargeld

EINSCHRÄNKUNG DER VERWENDUNG VON BARGELD IM GESCHÄFTSVERKEHR VON UNTERNEHMEN UND GEWERBETREIBENDEN

Übersetzung aus dem Gesetz *(Hinweis es ist sogar angedacht die Grenze auf 1.000.-€ herabzusetzen, dies ist aber noch nicht verabschiedet)*

Den Bargeldzahlungen wird eine Obergrenze von 2500 Euro gesetzt.

Anwendungsbereich:

– Geschäfte zwischen Unternehmen und/oder Gewerbetreibenden

– Geschäfte zwischen Privatpersonen und Unternehmen oder Gewerbetreibenden

– Geschäfte zwischen Privatpersonen fallen nicht unter diese Vorschrift.

– Transaktionen mit Kreditanstalten fallen nicht unter diese Vorschrift

Für nicht in Spanien ansässige Privatpersonen wird die Grenze auf 15.000 Euro festgesetzt.

Die Nichteinhaltung dieser Maßnahme stellt ein Verwaltungsvergehen dar.

Ebenso die zahlende wie die die Zahlung entgegennehmende Person machen sich eines Vergehens schuldig.

Strafbefreiung erhält der Verstoßende, wenn er innerhalb von drei Monaten ab der Bargeldzahlung diese freiwillig der Verwaltung offenbart.

Verstöße werden mit Geldstrafen in der Höhe von 25 % der in bar gezahlten Summe sanktioniert.

MIT DEM PROGRAMM DER AUßERORDENTLICHEN REGULARISIERUNG VERBUNDENE MAßNAHMEN

Es wird eine neue Auskunftspflicht bzgl. Bankkonten und Werten im Ausland eingeführt. Zu diesem Zweck wird ein entsprechendes Steuerformular erstellt. Die Nichterfüllung dieser Pflicht wird spezifisch geahndet.

Die Verjährung nicht deklarierter Einkünfte wird abgeschafft. Entdeckte nicht deklarierte Einkommen werden im letzten Besteuerungszeitraum unter den nicht verjährten Einkünften angerechnet.

Es muss darauf hingewiesen werden, dass bei der Einkommensteuer auf diese entdeckten Einkommen ein Grenzsteuersatz angewandt wird, der oft mehr als 50 % beträgt. Außerdem werden Verzugszinsen für vier Jahre und die entsprechenden Steuerstrafen verhängt.

In vielen Fällen wird die Unterlassung aufgrund der Höhe der hinterzogenen Steuer als Steuerbetrug eingestuft.

AUSSCHLUSS DER PAUSCHALVERSTEUERUNG

Das Verfahren der Pauschalversteuerung ist für Unternehmer, die weniger als 50 % ihres Geschäftsverkehrs mit Privatpersonen abwickeln, nicht mehr möglich.

Dieser Ausschluss gilt nur für jene Unternehmer, deren Gesamtertrag des Vorjahrs 50.000 Euro übersteigt.

Die von dem Ausschluss betroffenen Aktivitäten sind jene, bei denen die einbehaltene Einkommensteuer 1 % beträgt. Schreinerei,

Herstellung von Eisen- oder Schreinerwaren, Konfektion, Holzmöbelindustrie, Druckerei, Maurerei, Installationen und Montagen, Verkleidungen, Schlosserei, Klempnerei, Malerarbeiten, Gips- und Stuckarbeiten, Warenferntransport und Umzugstransport.

NEUE MAẞNAHMEN ZUR EINTREIBUNG VON STEUERSCHULDEN

In den Besteuerungsverfahren:

- Die Frist für das Ergreifen vorsorglicher Maßnahmen wird verkürzt.

- Bislang konnten Maßnahmen erst nach Unterbreiten eines Veranlagungsvorschlages ergriffen werden.

- Nun ist es zulässig, sie bei Feststellung des Zahlungsrisikos zu ergreifen.

In den Steuerstrafverfahren:

- Derzeit kommt das Vorgehen der Verwaltungsbehörden zum Stillstand, sobald ein Fall als Steuerstraftat eingestuft wird, und die Behörden können keine vorsorglichen Maßnahmen ergreifen.

- Ab jetzt ist die Verhängung dieser Maßnahmen seitens der Steuerbehörde zulässig. Die Staatsanwaltschaft und die zuständige Gerichtsbehörde werden von den Maßnahmen in Kenntnis gesetzt und diese werden bis zum Ergehen des Gerichtsentscheids aufrechterhalten.

AUSDEHNUNG DER HAFTUNG DER NACHFOLGER VON GESELLSCHAFTEN

- Um die Dekapitalisierung von in Liquidation stehenden Gesellschaften zu verhindern, haften die Nachfolger nunmehr auch mit den vor der formellen Unternehmensliquidation empfangenen Vermögensbezügen.

- Derzeit wird die Haftungsgrenze durch die von dem Gesellschafter bei Erlöschen der Gesellschaft empfangene Liquidationsquote festgelegt.

NEUE MOTIVE DER HAFTUNGSSCHULD BZGL. EINBEHALTENER ODER ÜBERGEWÄLZTER STEUERN

- Die Geschäftsführer von Gesellschaften, die wiederholt Steuererklärungen bzgl. einbehaltener oder übergewälzter Steuern abgeben ohne die entsprechenden Steuerzahlung zu leisten, werden als Haftungsschuldner herangezogen, wenn nachweislich keine ernstliche Absicht besteht, die Steuerschuld zu begleichen.

- Die Zahlungsunterlassung wird unabhängig davon als wiederholt angesehen, ob es sich um ein kontinuierliches oder diskontinuierliches Vorgehen handelt.

- Die Zahlung wird als nicht erbracht angesehen, wenn Teilzahlungen geleistet werden, deren Umfang in Bezug auf die in der Steuererklärung angegebene Schuld insignifikant ist.

VERÄUßERUNGSVERBOT FÜR DER GESELLSCHAFT ANGEHÖRENDE IMMOBILIEN

- Die Steuerbehörde wird befähigt, zu verbieten, dass über einer Gesellschaft angehörende Immobilien verfügt wird, deren Eigentümer der Steuerpflichtige ist und mehr als 50 % der Geschäftsanteile der Gesellschaft besitzt.

- Im Steuereintreibungsverfahren kann außer der Beschlagnahme der Aktien, die der Steuerpflichtige in der Gesellschaft besitzt, auch das Übereignungsverbot bzgl. der in der Gesellschaft vorhandenen Immobilien angeordnet werden.

– Dadurch soll das betrügerische Zerschlagen von Gesellschaften durch die Übereignung von Immobilien, die indirekt Eigentum der von dem Steuerpflichtigen kontrollierten Gesellschaft sind, verhindert werden.

IMMOBILIENINVESTITIONEN DES STEUERPFLICHTIGEN

· Einführung der Verlagerung der Steuerschuldnerschaft bei dem mit folgenden Immobiliengeschäften verbundenen Verzicht auf die Befreiung von der Mehrwertsteuer:

– Übereignung von ländlichen Grundstücken

– Zweite und weitere Veräußerungen von Gebäuden

· So kann der Käufer nur dann ein Recht auf Vorsteuerabzug geltend machen, wenn er belegt, dass er die MwSt. entrichtet hat.

- Dadurch wird die zweifache Beeinträchtigung der Finanzverwaltung durch das Ausbleiben der Steuerzahlung des Verkäufers und die Rückzahlung der Vorsteuer an den Käufer verhindert.

UNTERSCHEIDUNG DER VORSTEUERBETRÄGE VOR UND NACH DER KONKURSERKLÄRUNG

- Um die Eintreibung der nach einer Konkurserklärung entstehenden Steuerforderungen (Forderungen gegen die Masse) zu fördern, werden bzgl. der Mehrwertsteuer die vor und nach der Konkurserklärung getätigten Geschäfte unterschieden.

- Es werden zwei separate Selbstveranlagungen bzgl. der vor und nach der Konkurserklärung bezahlten MwSt. erstellt.

- Auf diese Weise wird die Abschreibung der vor dem Konkurs bezahlten MwSt. eingeschränkt.

VERSCHÄRFUNG DER STRAFEN BEI WIDERSTAND GEGEN STEUERPRÜFUNGEN

- Die aufgrund von dem der Tätigkeit der Steuerprüfer entgegengesetztem Widerstand, deren Behinderung, sowie aufgrund von Ausreden oder Weigerungen auferlegten Strafen werden verschärft.

- Dem überprüften Steuerpflichtigen, der den Steuerfahndern nicht sekundiert, wird eine Strafe von mindestens 1000 bis höchstens 100.000 Euro auferlegt, wenn er keine Geschäftstätigkeit ausübt.

- Dem überprüften Steuerpflichtigen, der den Steuerfahndern nicht sekundiert, wird eine Strafe von mindestens 3.000 bis höchstens 600.000 Euro auferlegt, wenn er eine Geschäftstätigkeit ausübt.

- Die Strafe kann um 50 % verringert werden, wenn der Steuerpflichtige sein Verhalten korrigiert.

Abmeldung Gewerbe

Im Prinzip gehen sie fast genauso vor wie bei der Anmeldung.

Im Modelo 037 benutzen sie diesmal nur die erste Seite

Im Feld 101 Ihre N.I.E.-Nummer und in 102 Nachname und Vorname.

Dann markieren sie das Kästchen C) Feld 150 Baja en el censo de empresarios, profesionales y retenedores.

In Feld 151 wählen sie den Grund für die Abmeldung aus. Bestenfalls nehmen sie den ersten, Cese de actividades empresariales y profesionales.

Im Feld 152 schreiben sie das Abmeldungsdatum- vorzugsweise immer zum Ende eines Monats.

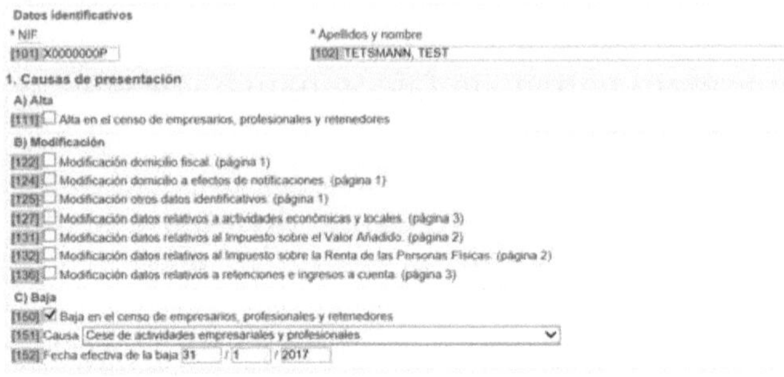

Datos identificativos
* NIF
[101] X0000000P
* Apellidos y nombre
[102] TETSMANN, TEST
1. Causas de presentación
A) Alta
[111] ☐ Alta en el censo de empresarios, profesionales y retenedores
B) Modificación
[122] ☐ Modificación domicilio fiscal (página 1)
[124] ☐ Modificación domicilio a efectos de notificaciones (página 1)
[125] ☐ Modificación otros datos identificativos (página 1)
[127] ☐ Modificación datos relativos a actividades económicas y locales (página 3)
[131] ☐ Modificación datos relativos al Impuesto sobre el Valor Añadido (página 2)
[132] ☐ Modificación datos relativos al Impuesto sobre la Renta de las Personas Físicas (página 2)
[136] ☐ Modificación datos relativos a retenciones e ingresos a cuenta (página 3)
C) Baja
[150] ☑ Baja en el censo de empresarios, profesionales y retenedores
[151] Causa Cese de actividades empresariales y profesionales
[152] Fecha efectiva de la baja 31 / 1 / 2017

Ganz unten unter Lugar y Firma, Ort Datum, Firma en Calidad de....interesado eintragen.

Und zuletzt in Firmado wieder Ihren kompletten Namen eintragen.

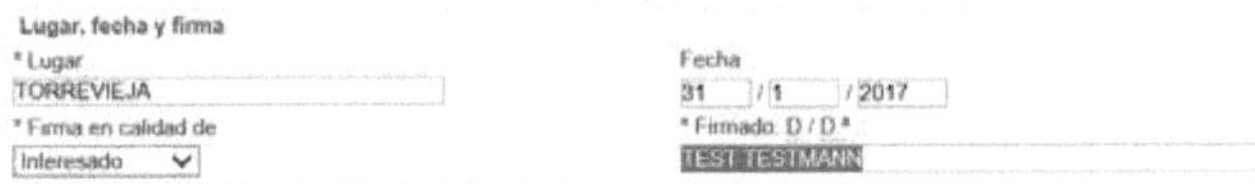

Lugar, fecha y firma
* Lugar
TORREVIEJA
* Firma en calidad de
Interesado
Fecha
31 / 1 / 2017
* Firmado D / D.ª
TEST TESTMANN

Nachdem die erledigt ist, gehen sie oben rechts auf ENVIAR, jetzt wird wieder ihr Zertifikat abgefragt und wenn sie dies bestätigt haben, kann es sein, je nach Browser, das sie jetzt nochmals auf firmar und weiter klicken müssen. Wenn alles richtig war bekommen sie jetzt ein PDF Dokument mit Ihrer Gewerbeabmeldung.

Diese sollten sie sich in jedem Fall speichern.

Abmeldung Autónomo bei der Sozialversicherung

Jetzt sind 24 Stunden vergangen, nachdem sie sich online beim Finanzamt mittels dem Modelo 037 abgemeldet haben. Bitte lassen sie nicht mehr Zeitvergehen, da die Sozialversicherung schon am 3ten Tag einen ganzen Monat berechnet. Sie melden sich beim Finanzamt per 31.01.2017 ab, gehen aber erst am 3.2.2017 auf die Website der Sozialversicherung- dann wird ihnen noch der ganze Februar berechnet. Also hier ist Eile geboten. Das Vorgehen soll zwar geändert werden, aber zu diesem Zeitpunkt ist es noch nicht so. Auf der Website der Sozialversicherung https://sede.seg-social.gob.es

klicken sie auf Empresas

Dann auf Afiliación y Inscripción.

Hier wählen sie den Punkt Baja en RETA

Hier wird wieder ihr Zertifikat abgefragt und sie folgen den einzelnen Schritten und gehen immer über Continuar weiter. Wenn sie das Datum der Abmeldung eingeben, erfolgt eine Online Abfrage beim Finanzamt, wenn alles in Ordnung ist dann bekommen sie am Ende ihr PDF Dokument, bitte speichern sie sich dies ab.

Schlusswort

Jetzt sind wir am Ende dieses Buches angekommen. Ich hoffe, ich konnte ihnen einen Einblick verschaffen.

Kein Buch – auch dieses nicht – kann eine individuelle Steuerberatung ersetzen. In schwierigen Fragen ist es besser, einen Fachmann zu Rate zu ziehen.

Gesetze ändern sich oft sehr schnell in Spanien, so dass ihr jetziges Wissen in 3 Monaten schon wieder überholt sein kann.

Informieren sie sich. Steuerliche Neuerungen stehen oftmals auf der Eingangsseite des FA. Lesen sie regelmäßig die Presse. Denn letztendlich sind immer sie selbst für die Obliegenheiten ihrer Selbstständigkeit verantwortlich.

Ihre Kerstin Bumiller

Quellenverzeichnis

http://www.agenciatributaria.es

http://www.bolsamania.com

https://sede.seg-social.gob.es

http://www.cnae.com.es/

http://www.iae.com.es/

https://notificaciones.060.es/PC_init.action

https://www.sepe.es/

http://infoautonomos.eleconomista.es/

http://www.iberaval.es/conversor/

www.gva.es

www.fnmt.es

www.ecolexpartner.com